국내 산채류

차례

 # 들어가며

    우리나라에 알려져 있는 산채류는 약 850여종으로 소규모 재배나 자연채취에 의해 소비되어 왔으며, 종류와 명칭은 지역별로 다양하여 품종에 대한 정확한 자료와 재배역사, 재배기술 등 일반적인 현황 등이 정리되어 있지 못한 실정이다.

    그러나 well-being과 LOHAS 시대를 맞이하여 산채류는 기능성 및 저공해 건강식품으로 각광 받기 시작하여 소비량이 급속히 증가하고 있다. 이렇게 웰빙식품과 관광먹거리로 확대되면서 고수익 작목으로 부상하고 있는 산채류를 중심으로 재배면적의 지속적 증가와 재배기술의 향상으로 인한 시설집약재배로 생산성이 급성장하고 있다.

    이에 따라 정부에서는 산채류 종묘생산 지원, 산지농법 실용화, 산채 작목반의 집중적이고 체계적인 기술지원 및 부가가치가 높은 산채류 개발 등 산채류 재배지역의 산채류 특성화 사업을 추진하고 있으며, 특히 산채류 함유 천연생리활성 성분의 약리 및 기능성 등을 홍보하여 생산 및 소비에 많은 투자를 하고 있다. 농촌진흥청에서도 국내 산채류 함유 천연생리활성물질들을 대상으로 다양한 생리활성 평가를 통해 항암, 항비만, 천연 에스트로젠 활성 및 면역력 증강 등에 효과가 매우 높다는 연구결과를 밝힌바 있으며 향후 건강기능성식품으로의 개발을 위해 더욱 다양한 연구를 수행하고 있다.

    산채류 함유 천연생리활성물질 개발 및 산업화 연구는 산채류의 높은 부가가치를 창출할 수 있을 것이며, 체계적인 연구 및 정리가 더욱 절실한 실정이다. 이번에 발간되는 『천연생리활성 함유 국내 산채류』는 우리나라 산채류에 함유되어 있는 천연생리활성 성분과 그 구조 및 이를 연구한 연구논문과 특허에 대한 자료를 정리한 것으로 향후 산채류 관련 기능성 생리활성 물질 탐색 및 연구에 중요한 자료가 될 것이라 생각한다.

    본 저서를 발간하는데 필요한 자료 수집 및 정리에 많은 도움을 준 농촌진흥청 국립농업과학원 농식품자원부 대사생리연구실의 이진영 연구원은 물론 이 책을 집필하는데 도움을 준 직원분들에게 감사의 말씀을 드립니다.

농촌진흥청 국립농업과학원　박 동 식

천연생리활성물질의 특성과 연구동향

가는 기린초

1. 명명

학 명 : *Sedum aizoon L.*

과 명 : 돌나물과 (Crassulaceae)

속 명 : 꿩의비름속 (Sedum)

영 명 : Orange stonecrop

향 명 : 가는집우지기, 꿩의비름, 토삼칠

2. 특징

　한국, 중국 북동부, 시베리아 등지의 온대지방에 분포하며, 우리나라의 경우 중부 이남의 산에서 자란다. 재배 적지는 배수가 잘 되고, 햇볕이 잘 드는 양지가 좋고, 장마철에는 식물체에 가볍게 멀칭을 해주는 것이 좋으며, 너무 비옥하지 않은 땅에서 재배하는 것이 좋다. 멸종위기 야생동식물 2급인 붉은점모시나비는 애벌레 시절 기린초를 먹고 자라며, 성충이 되어서는 엉겅퀴를 먹이식물로 이용하고 있다고 알려져 있다. 그만큼 기린초는 무공해 지역에서 자란다는 반증이기도 하다.

　잎이 두툼하여 가뭄에도 잘 견디며, 줄기는 뭉쳐나고 원기둥 모양이며, 곧게 선다. 높이는 50cm 정도이고 잎은 길이 3~6cm이고 어긋나며, 바소꼴이 거꾸로 줄 모양 또는 좁고 긴 타원형으로 잎자루가 없다. 잎 가장자리에 둔한 톱니가 있으며 앞뒤에 모두 털이 없다. 꽃은 산방상 취산꽃차례로 7~8월에 원줄기 끝에 노란 꽃이 많이 달린다. 꽃받침잎은 넓은 줄 모양으로 밑부분이 약간 퍼지고 꽃잎은 바소꼴 또는 넓은 바소꼴로 끝이 뾰족하다. 수술은 10개로 꽃잎보다 짧고 암술은 5개이다. 열매는 골돌과로서 달걀 모양이다.

　기린초, 속리기린초와 더불어 개화기에 채취하여 말린 것을 비채(費菜)라 하며, 어린 줄기와 잎을 나물로 먹는다.

❋ 효능
- 혈액순환 원활 및 정신안정 작용
- 혈변, 혈뇨, 타박상 치료에 효능

3. 활성성분

❋ Arbutin

❖ Sedoheptulose

❖ Tannin

❖ β-Sitosterol

4. 관련논문

- 없음

5. 관련특허

- 없음

갈퀴덩굴

1. 명명

학 명 : *Galium spurium var. echinospermon(Wallr.) Hayek*

과 명 : 꼭두선이과 (Rubiaceae)

속 명 : 솔나물속 (Galium)

영 명 : False cleavers

향 명 : 팔선초, 소거등, 소천초, 가시랑쿠, 갈키덩굴

2. 특징

중국, 몽골, 일본, 러시아에 분포하며 원산지는 한국이다. 전국 각처의 길가 또는 빈 터에서 흔히 자생한다.

원줄기는 길이 60~90cm로 네모지고 각 능선(稜線) 밑으로 향한 가시털이 있어 다른 물체에 잘 붙는다. 잎은 줄기의 각 마디에 6~8개씩 돌려나고 거꾸로 선 비소꼴이며, 길이 1~3cm, 나비 1.5~4mm로서 잎자루가 없고, 가장자리와 뒷면의 맥위에 가시가 있다. 5~6월에 잎겨드랑이에 홍록색 꽃이 취산꽃차례를 이룬다. 수술은 4개이며, 작은 꽃대에는 꽃받침 밑에 마디가 있다. 씨방은 2실이고 암술대는 둘로 나뉘고 암술머리는 둥글다. 열매는 2개가 함께 붙어 있으며 각각 반타원형이고, 갈고리 같은 딱딱한 털로 덮여 다른 물체에 잘 붙는다.

봄철에 갓 자라난 연한순을 따다가 나물로 무쳐 먹는다.

✽ 효능

- 항암(유방암, 식도암, 자궁경부암) 효과
- 타박상, 통증, 신경통, 임질의 혼탁뇨, 혈뇨, 장염, 종기 등의 치료

3. 활성성분

✽ Asperuloside

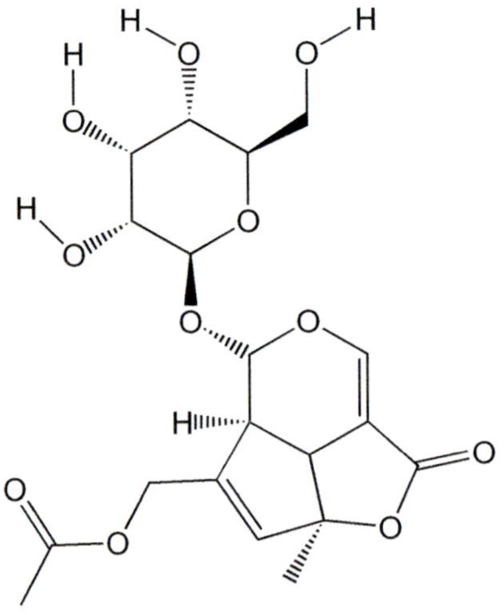

✻ Diosmetin

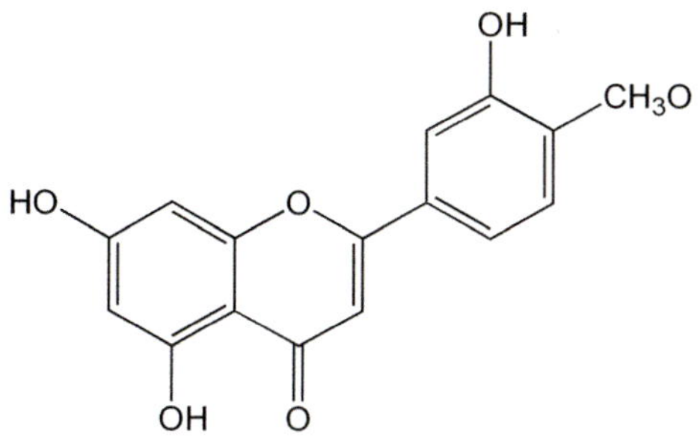

✻ Hesperidin

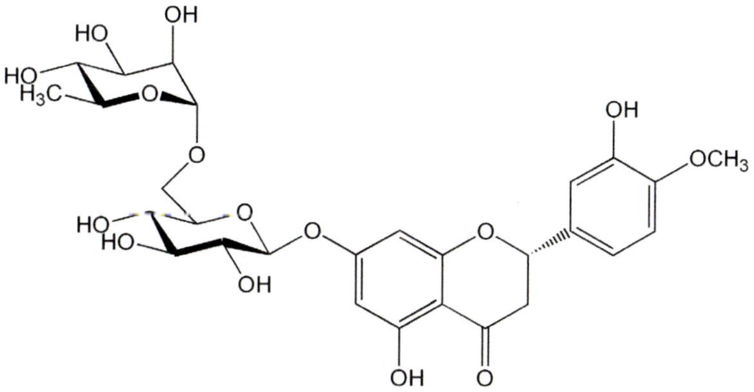

✻ Quercetin galactoside

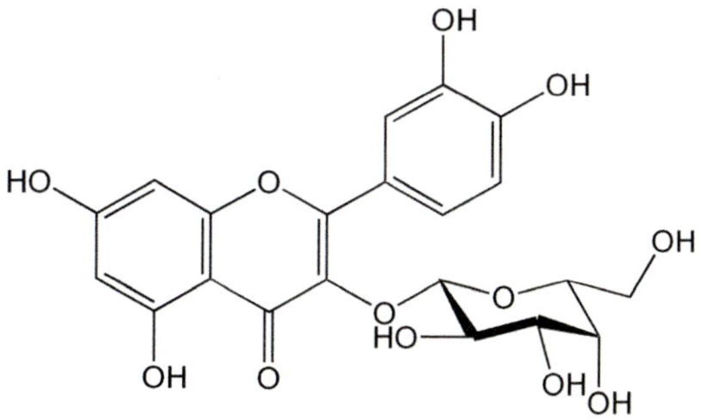

4. 관련논문

- 없음

5. 관련특허

(주) 아모레퍼시픽 (2008) 식물 추출물을 함유하는 지질 분해 촉진용 조성물, 10-
0829691-0000

감 국

1. 명명

학 명 : *Dendranthema indicum L.*

과 명 : 국화과 (Compositae)

속 명 : 산국속 (Dendranthema)

영 명 : Chrysanthemi flos

향 명 : 산황국, 황국, 야국, 정국화, 야황국, 구월국, 산국화, 들국화, 가을국화

2. 특징

한국, 중국, 일본의 산과 들, 해안가에서 자란다. 재배방법으로는 봄에 새싹이 나오기 전, 포기를 캐어서 여러 포기로 나누어 심는 분주법과, 처음 재배할 때 이용하는 삽목법이 있다. 삽목 시기는 4~5월에 하는 것이 적은 모본으로 많은 묘를 만들 수 있다. 방법은 모래 또는 비료분이 적은 흙을 10cm 두께로 깔고 묘상을 만든다. 삽수는 길이 8~9cm로 하고 잎을 2~3매 붙여 둔다. 삽수는 반쯤 상토에 비스듬히 꽂고 물을 충분히 준다. 삽상은 반음지가 되도록 발이나 차광망을 쳐주고 매일 관수하여 뿌리가 내리도록 힘쓰면, 2주일 정도 지나서 발근이 되고, 3~4주일 후에는 새싹이 5~6cm 자라서 정식할 수 있는 묘가 된다.

풀 전체에 짧은 털이 나 있고 줄기의 높이는 60~90cm이며 검은색으로 가늘고 길다. 잎은 짙은 녹색이고 어긋나며 잎자루가 있고 달걀 모양인데, 보통 깃꼴로 갈라지며 끝이 뾰족하다. 갈라진 조각은 긴 타원형이고 가장자리가 패어 들어간 모양의 톱니가 있다. 9~10월에 줄기 윗부분에 산방꼴로 두화(頭花)가 핀다. 꽃은 지름 2.5cm 정도이며, 설상화(舌狀花)는 노란색이나 흰색도 있다.

10월에 꽃을 말려서 술에 넣어 마시고, 봄철에 새로 나오는 어린순을 나물로 먹기도 한다. 옛날에는 감국을 여러가지 요리를 만들어 먹었기 때문에 요리국(料理菊) 이라고도 하였다. 꽃에 진한 향기가 있어 관상용으로도 가꾼다.

❋ 효능
- 열감기, 폐렴, 기관지염, 두통, 위염, 장염, 종기 등의 치료

3. 활성성분

❋ Camphor

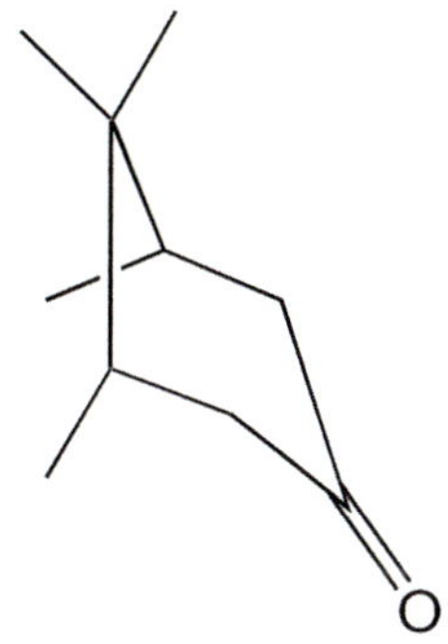

4. 관련논문

김선재, 박윤미, 정순택 (2005) 감국(*Chrysanthemun indicum L.*) 추출물의 항충치 효과와 Glucosyltransferase 저해활성 탐색. 한국식생활문화학회지, 20(3):341-345

남정연, 이현선, 이승웅, 정미연, 최정호, 유은숙, 노문철, 김영국 (2005) 감국에서 분리한 Kikkanol F Monoacetate와 5-Hydroxy-6,7,3,4-tetramethoxyflavone의 IL-6 생성억제활성. 한국생약학회지, 36(3):186-190

박성주, 최병민, 송호준 (2007) 감국의 수지상세포의 성숙 억제 효과. 대한본초학회지, 22(3):127-132

성지연, 조우아, 김영훈, 천순주, 장민정, 최향자, 이준숙, 최은영, 이현승, 김대익, 김정옥 (2007) 감국(*Chrysanthemum indicum L.*)의 항산화 활성에 관한 연구. 한약응용학회지, 7(1):1-5

우관식, 유정식, 황인국, 이연리, 이철희, 윤향식, 이준수, 정헌상 (2008) 감국, 국화 및 구절초 꽃 휘발성 성분의 항산화활성. 한국식품영양과학회지, 37(6):805-809

장은주, 최동국, 박태규, 황금희 (2007) 감국의 Monoamine Oxidase 저해활성. 한국생약학회지, 38(1):27-30

5. 관련특허

이용섭, 김형자, 서선희, 이재열 (2006) 항산화 및 항바이러스 활성을 가지는 화합물 및 이를 포함하는 감국 추출물, 10-0665313-0000

최근택 (2006) 감국 추출물 및 이로부터 유래한 화합물을 포함하는 아세틸콜린에스터라제 저해용 조성물, 10-0554343-0000

강활

1. 명명

학 명 : *Ostericum praeteritum KITAGAWA.*

과 명 : 산형과 (Umbelliferae)

속 명 : 당귀속 (Ostericum)

영 명 : Korean ostericum

향 명 : 강청, 조선강활, 대치산근, 강호리, 독요초(獨搖草)

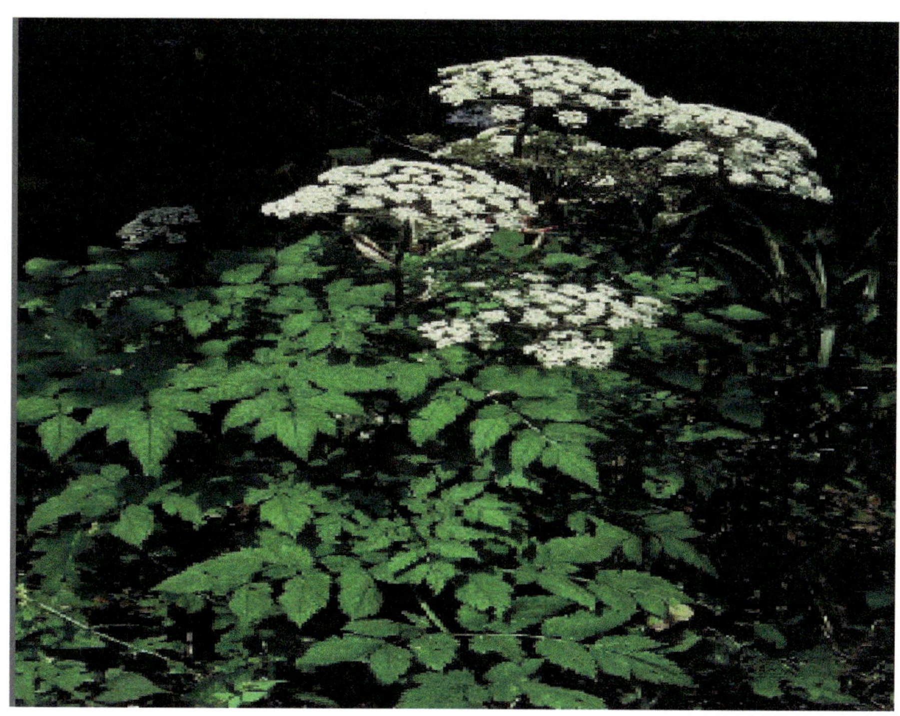

2. 특징

한국, 중국 북동부 등지에 분포하며, 산골짜기 계곡에 서식한다.

높이는 약 2m로 곧게 서며, 윗부분에서 가지를 친다. 잎은 어긋나고 잎자루를 가지며 3장의 작은 잎이 2회 깃꼴로 갈라진다. 작은잎은 넓은 타원형 또는 달걀 모양으로 끝이 뾰족하고 가장자리에 깊게 패인 톱니가 있다. 작은 잎자루는 올라가면서 짧아지고 잎자루 밑부분이 넓어져 잎집이 된다. 8~9월에 흰 꽃이 가지 끝과 원줄기 끝에서 겹산형 꽃차례로 피는데, 10~30개의 작은 꽃대로 갈라져서 많은 꽃이 달린다. 총포는 1~2개로 바소꼴이고 작은 총포는 6개이다. 열매는 분과로 10월에 익으며 타원형이고 날개가 있다.

봄철에 어린순을 나물로 먹는다.

✱ **효능**
  - 해열, 구풍, 진통, 진경, 백절풍, 중풍, 치통 등에 효능
  - 발한해열, 진통, 항균 작용

3. 활성성분

✱ **Apiin**

✠ Conhydrine

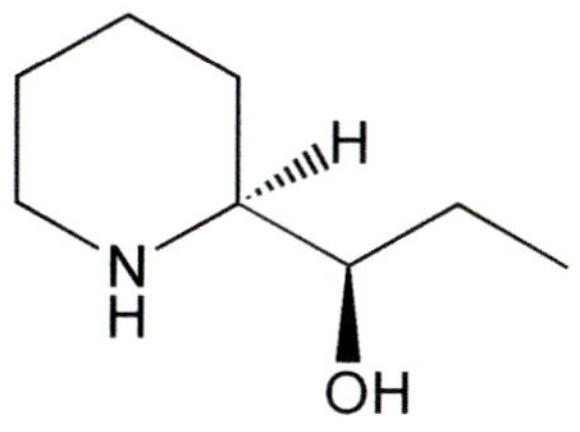

✠ Coumarin

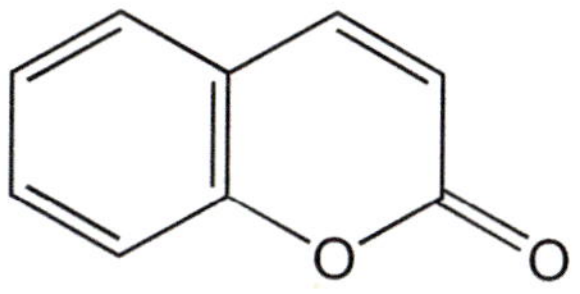

✠ Elemol

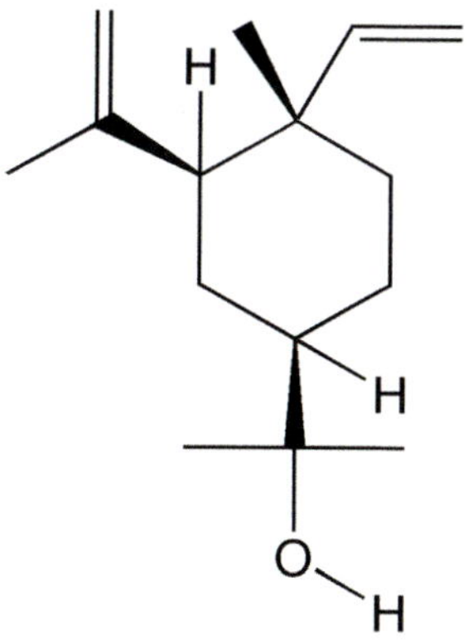

✠ Limonene

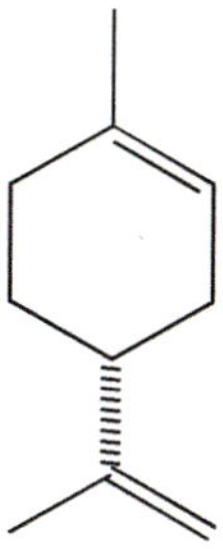

❖ Prangolarin

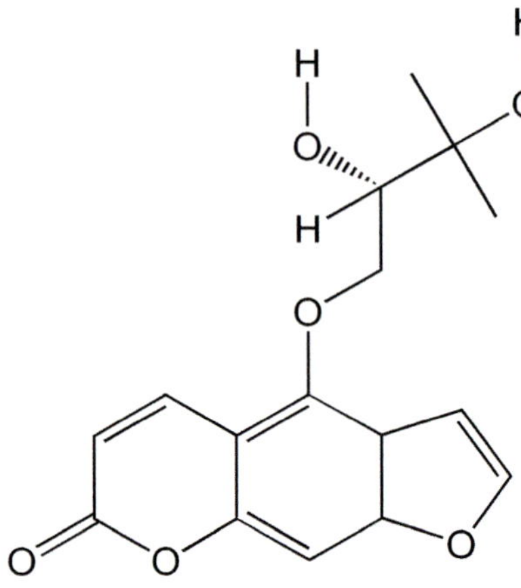

❖ α-Pinene

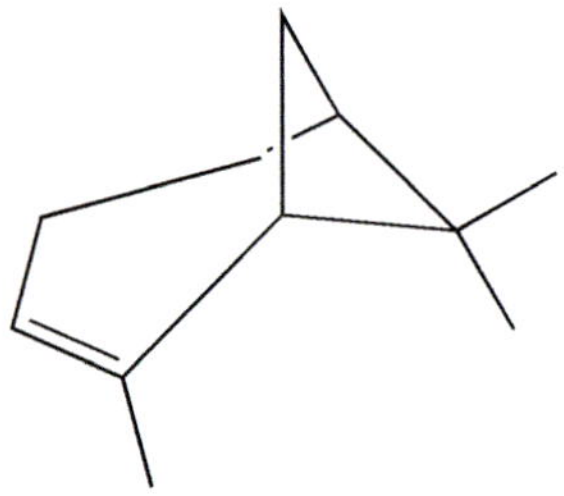

❖ β-Eudesmol

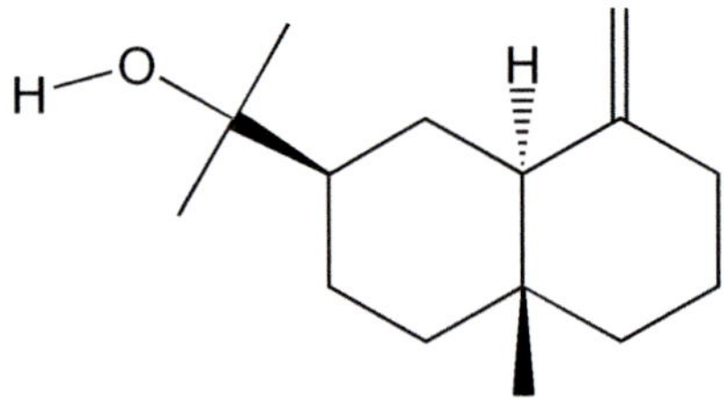

4. 관련논문

Nguyen-Hai Nam, Ha Thi Thanh Huong, Hwan-Mook Kim, Byung-Zun Ahn (2000) 강활의 세포 독성 성분. 한국생약학회지, 31(1):77-81

권용수, 우은란, 김창민 (1991) 강활(羌活)의 생물활성분획(生物活性分劃)에 대한 성분연구(成分研究). 한국생약학회지, 22(3):156-161

박희제, 배기상, 김도윤, 서상완, 박경배, 김병진, 송제문, 이경용, 나철, 신병철, 박성주, 송호준 (2008) LPS로 자극한 RAW264.7 세포에서 강활 추출물의 염증성세포활성물질의 억제효과. 대한본초학회지, 23(3):127-134

배기환, 지정명, 강정성, 안병준 (1994) L1210 및 HL-60 세포에 대한 강활로부터의 세포독성 구성요소. 대한약학회지, 17(1):45-47

윤수홍, 하헌 (2005) 실험적 간장해에 대한 강활의 보호효과. 한국환경독성학회지, 20(2):161-165

조재열, 이종수, 박지수, 박명환 (1998) 강활에서 종양괴사인사 생성을 억제하는 활성성분의 분리. 한국약학회지, 42(2):125-131

최근표, 정병희, 이동일, 이현용, 이진하, 김종대 (2002) 약용식물의 Anglotensin Converting Enzyme 저해활성 탐색. 한국약용작물학회지, 10(5):399-402

5. 관련특허

김경호, 마응천, 조명행, 김상희 (2003) 강활 추출물 또는 이로부터 분리한 화합물을 포함하는 전립선 질환 치료 및 예방을 위한 조성물 및 그의 분리 방법, 10-0413051-0000

김경호, 마응천, 조명행, 김상희 (2003) 강활추출물 또는 이로부터 분리한 화합물을 포함하는 암 치료 및 예방을 위한 조성물 및 그의 분리 방법, 10-0413964-0000

송영준, 이용욱, 배준우, 이주하 (2008) 강활 추출물을 포함하는 젖소 유방염의 예방 및 치료를 위한 약학조성물, 10-0813298-0000

신승원 (2007) 강활 정유 및 기존 항생제를 함유한 내성균 억제용 항균 조성물, 10-0701829-0000

황성연 (2005) 항염증성 생약 조성물 및 이의 제조방법, 10-0541424-0000

개미취

1. 명명

학 명 : *Aster tataricus L.*

과 명 : 국화과 (Compositae)

속 명 : 참취속 (Aster)

영 명 : Tartarian aster

향 명 : 쑥부쟁이, 자원, 자와, 자완, 소판, 협판채, 산백채

2. 특징

중국이 원산으로 일본, 한국, 시베리아 등지에 분포하며 적응력과 생명력이 강해 모든 지역에서 재배가 가능하고, 약간 습기가 많은 산기슭이나 들판에 자생한다. 대량 재배 등으로 소득을 극대화 하려면 보수력이 있고 배수가 잘되는 비옥한 사질양토나 양토가 좋다.

높이는 야생이 1.5m, 재배하는 것은 약 2m이다. 줄기는 곧게 서며 뿌리줄기가 짧고 위쪽에서 가지가 갈라지며 짧은 털이 난다. 뿌리에 달린 잎은 꽃이 필 무렵 없어지는데 길이 65cm, 나비 13cm로 뭉쳐난다. 긴 타원형이며 밑 부분이 점점 좁아져서 잎자루의 날개가 되고 가장자리에 물결 모양의 톱니가 있다. 줄기에 달린 잎은 좁고 어긋나며 길이 20~30cm, 나비 6~10cm로 끝이 뾰족하고 가장자리에 날카로운 톱니가 있다. 잎자루는 길이 9~20cm이고 위로 올라갈수록 직아진다. 꽃은 7~10월에 연한 자주색 또는 하늘색으로 피는데, 지름 2~3cm의 두상화가 가지와 원줄기 끝에 달린다. 산방꽃차례로 꽃자루는 길이 1.5~5cm이며 짧은 털이 빽빽하게 난다. 총포는 반구형으로 길이 7mm, 나비 13~15mm 이고, 포는 끝이 뾰족한 바소꼴로 짧은 털이 난다. 설상화는 하늘색이고 관모는 흰색이다. 열매는 수과로 10~11월에 맺으며 길이 3mm 정도의 털이 난다.

취나물의 하나로 흔히 채식되고 있으나 쓴맛이 강하므로 데쳐서 찬물로 우려낸 다음 무쳐서 먹는다. 데쳐서 말려 두었다가 오래 갈무리 된 것을 묵나물로 무쳐 먹는다.

�֍ 효능
- 진해, 향균효과 및 이뇨제나 만성기관지염 치료에 효과
- 폐한, 폐열, 폐허로 인한 해수, 가래, 천식에 유효

3. 활성성분

✖ Anethole

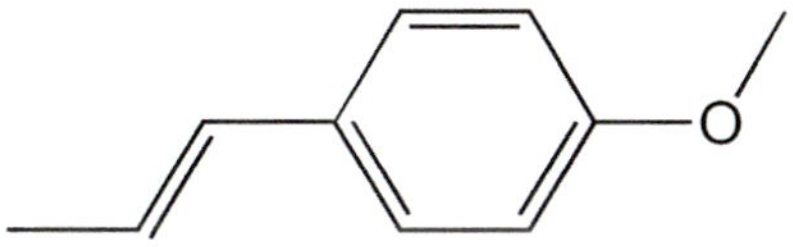

4. 관련논문

문태철, 정혜진, 이은경, 박해영, 전수진, 손건호, 김현표, 배기환, 강삼식, 권동렬, 장현욱 (2003) 한국 자생식물로부터 아라키돈산 대사계 효소 저해제 검색. 한국생약학회지, 34(1):109-117

신유정, 김승모, 박치상, 신오철 (2007) 자완 수추출물이 H_2O_2에 의해 유도된 PC-12 세포주의 세포사에 미치는 영향. 대한한의사협회지, 28(2):213-223

정동규 (1978) 항암성자원생약개발(抗癌性資源生藥開發)에 관한 연구—미국산 개미취근(根)의 성분연구(II). 한국생약학회지. 9(2):73-75

함승시 (1988) 산채류 가열즙의 돌연변이 억제 작용에 관한 연구. 한국농화학회지, 31(1):38-45

5. 관련특허

이화여자대학교 산학협력단 (2005) 피부 미백 효과AAA를 갖는 식물 혼합 추출물을 함유하는 화장료 조성물, 10-0535785-0000

개박하

1. 명명

학 명 : *Nepeta cataria L.*
과 명 : 꿀풀과 (Lamiaceae)
속 명 : 개박하속 (Nepeta)
영 명 : Catmint, Catnip
향 명 : 돌박하, 향유, 가형계

2. 특징

한국, 일본, 중국, 서아시아, 유럽에 분포하며 산과 들에서 자란다. 해가 잘 들고 배수가 잘 되는 곳이면 토질을 가리지 않고 잘 자란다. 씨와 꺾꽂이로 쉽게 번식된다. 파종은 봄 4월과 가을의 9월에 하며 직파하거나 지피포트에 뿌렸다가 이식한다. 어린 모종일 때는 약해도 일단 뿌리가 활착하면 튼튼하고 재배가 쉽다. 꺾꽂이는 장마 때 그 해 자란 가지의 다소 굳어진 것을 잘라 꽂으면 쉽게 뿌리가 난다.

높이는 50~100cm이며, 전체가 잿빛을 띤 흰색으로 가는 털이 많이 나고 향기가 있다. 네모지고 다소 뭉쳐나며 곧게 서고 위쪽에서 가지를 많이 친다. 잎은 마주나고 삼각의 달걀 모양으로 길이 3~6cm, 나비 2~3.5cm이며 톱니는 굵고 예리하다. 잎자루는 길이 1~3cm이다. 꽃은 6~8월에 흰빛을 띤 자주색으로 피며, 줄기와 가지 끝에 취산꽃차례[聚揀花序]를 이루어 빽빽이 난다. 꽃 이삭의 길이는 2~4cm이다. 꽃받침은 통 모양이고 털이 퍼져 나며 끝이 5갈래로 갈라지는데, 그 조각은 바늘 모양이다. 화관은 입술 모양이고 자줏빛 점이 있으며 전체가 흰빛을 띤 자주색인데, 첫째 조각이 제일 크다. 4개의 수술 가운데 2개가 길다. 열매는 타원형의 분열과로서 4개이며 꽃받침 속에 있고 검은빛을 띤 갈색이다.

생약제로 이용할 때는 잎과 줄기와 꽃이 되었으면 꽃 채로 함께 잘라서 씻어 물을 붓고 달여서 마신다. 채취해서 말려 두었을 때도 달여서 마실 수도 있고, 가루로 빻아서 한 숟가락을 물과 함께 먹거나 물에 타서 마신다.

✤ 효능
- 발한, 해열, 지혈 등의 효능
- 독감예방

3. 활성성분

✤ Carotene

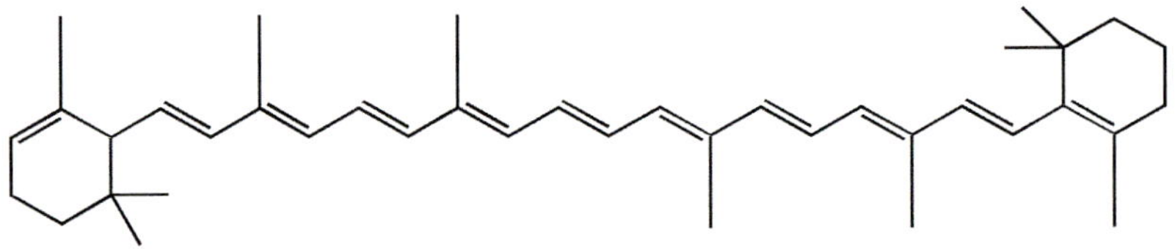

✤ Eugenol

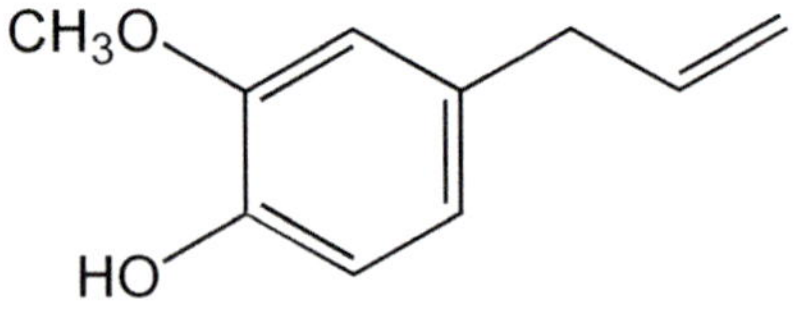

❋ Nepetalactone

4. 관련논문

조용계, 이왕경, 임영주 (1988) 순형과 (脣形科) 종실유의 (種實油) 지질분획별 (脂質 分劃別) 지방산 조성에 관한 연구. 한국유화학회지, 5(1):13-23

이숙영, 권수정, 박상언 (2008) 개박하의 부위별 항산화효과 및 페놀함량, 플라보노 이드 함량 비교. 한국약용작물학회 춘계학술발표회. pp244-245

김범수, 장한수, 최충식, 김종식, 권기석, 권인숙, 손건호, 손호용 (2008) 흰가루병 곰팡이 *Fusarium graminearum*에 대한 산초 추출물의 항진균 활성. 한국 생명과학회지, 18(7):974-979

5. 관련특허

산토리 가부시키가이샤 (2006) 아실기 전이활성을 갖는 단백질을 암호화하는 유전 자, 10-0559061-0000

1. 명명

학 명 : *Bupleurum longiradiatum TURCZ.*

과 명 : 산형과 (Umbelliferae)

속 명 : 시호속 (Buplerum)

영 명 : Big leaf

향 명 : 시호, 큰시호

2. 특징

　한국, 일본, 타이완, 중국, 헤이룽강 등지에 분포하며 깊은 산의 나무 밑이나 풀밭에서 자란다. 재배는 생육기간이 긴 중, 남부지역이 유리하며, 통풍이 잘 되고 햇빛이 잘 드는 곳에서 재배하는 것이 좋다. 해풍과 안개가 많은 지역에서는 잘 쓰러지고 탄저병과 갈색점무늬병이 많이 발생한다. 토양은 토심이 깊고 물이 잘 빠지며 유기물 함량이 많은 비옥한 땅이 적합하다. 개간지는 생육은 다소 부진하나 병해발생이 적고 산성토양에서도 비교적 잘 자라므로 석회를 줄 필요는 없다. 물빠짐이 나쁘거나 연작을 하면 뿌리썩음병이 많이 걸리므로 돌려짓기를 하는 것이 좋다.

　높이는 40~150cm이며, 줄기가 곧게 서고 위쪽에서 가지를 친다. 잎은 2줄로 어긋나고 뿌리에 달린 잎은 모여 나며 긴 타원형이고 긴 잎자루가 있다. 줄기에 딜린 잎은 2줄로 어긋나며 잎자루가 없고 줄기를 감싸며 톱니는 없디. 길이 5~15cm, 너비 2~3.5cm이다. 꽃은 노란색으로 7~8월에 복산형 꽃차례[複揀形花序]를 이루며 가지 끝에 피는데, 꽃대에는 5~10개, 작은 꽃대에는 10~13개씩 달린다. 총포는 1~2개, 작은 총포는 5개이며 달걀 모양이거나 바소꼴이다. 화관은 작고 꽃받침은 5개이다. 열매는 분열과이고 긴 타원형이며 길이 3.5~4mm로서 능선(棱線)이 있다.

　어린 순을 나물로 먹는다.

✤ **효능**

- 해열과 발한 효과가 강함
- 유방통, 생리불순, 생리통에 효과적
- 탈항, 자궁하수에도 사용

3. 활성성분

✤ Rutin

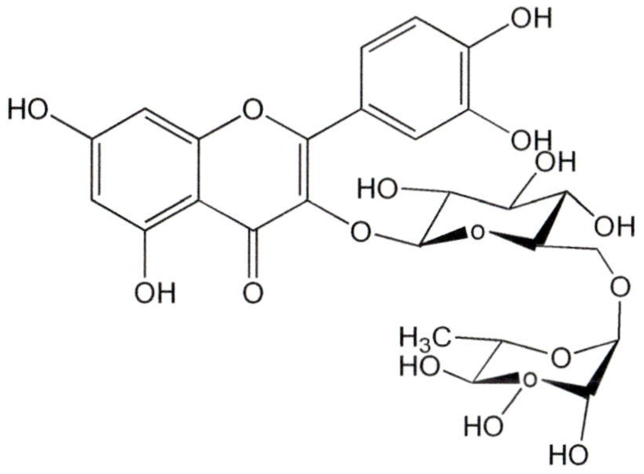

✤ Stigmasterol

✤ Tannin

4. 관련논문

구달회, 성낙술, 성정숙, 방경환, 방재욱 (2003) 개시호의 핵형분석과 rDNAs의 Physical Mapping. 한국약용작물학회지, 11(5):402-407

우원식, 최재수 (1989) 개시호 뿌리의 페놀화합물. 대한약학회지, 12(3):226-228

우원식, 최재수 (1993) 개시호 뿌리의 소염성 성분. 대한약학회지, 16(1):29-31

유영제, 이임선, 김영배, 배기환, 안병준 (2002) 사람 탯줄 정맥 내피세포 위 개시호 (*Bupleurum longiradiatum*)의 항혈관 형성작용. 대한약학회지, 25(5):640-642

5. 관련특허

서충석, 공우식, 이기무, 백지훈 (2007) 소요산 추출물을 함유하는 화장료, 10-0728444-0000

개암나무

1. 명명

학 명 : *Corylus heterophylla Fisch. ex Trautv. var. heterophylla*

과 명 : 자작나무과 (Betulaceae)

속 명 : 개암나무속 (Corylus)

영 명 : Hazelnut

향 명 : 깨금, 처낭, 개얌나무, 물개암나무

2. 특징

한국, 일본, 중국, 헤이룽강에 분포하며, 산기슭의 양지쪽에 서식한다. 재배 조건으로 토양은 배수가 잘되고 토심이 깊은 사양토 또는 양토에서 잘 자라고 재식은 낙엽직후에서 이른 봄 눈트기 전에 하는데, 10a당 40~60주를 식재한다. 병충해로는 개암나방이 있고 수확은 자연낙과 후 또는 총포기부 갈변 시 실시하는데 총포와 과실을 분리하여 건조 저장하는 것이 좋다.

잎은 어긋나고 난상원형 또는 도란형이며 끝이 예리하게 뾰족하고 짧으며 밑부분이 둥근 심장형이고, 표면에는 자주색 무늬가 있으며 뒷면에는 잔털과 가장자리에는 뚜렷하지 않게 이그러지고 더불어 잔 톱니가 있으며 긴 잎자루가 있다. 꽃은 3월경에 가지 끝에서, 수꽃 이삭은 전년도에 2~5개가 생겨 밑으로 처져서 달리고 수꽃은 포안에 1개씩 들어 있으며 소포는 2개씩이나 꽃받침은 없고 수술은 8개이다. 암꽃이삭은 동아(冬芽) 같으며 10개의 암술대가 겉으로 나와 있으나 열매가 커짐으로써 2개의 포가 잎처럼 발달하여 열매를 감싼다. 열매는 견과로써 털은 없고 갈색으로 익는다.

열매를 생식하거나 삶거나 구워서 먹는다. 개암사탕, 개암장, 개암죽 등을 만든다. 식용유나 등유로 사용한다.

✽ 효능
  - 강장, 이뇨작용이 있고, 치통 및 충독 등에 효능
  - 신체허약, 눈의 피로, 식욕부진, 현기증에 효과

3. 활성성분

✽ Betulin

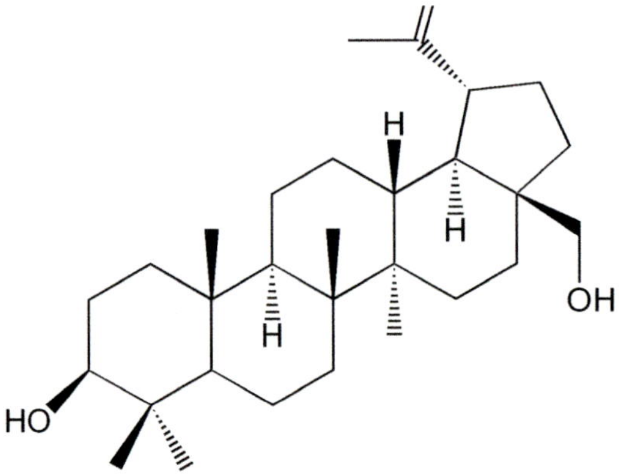

✠ Tannin

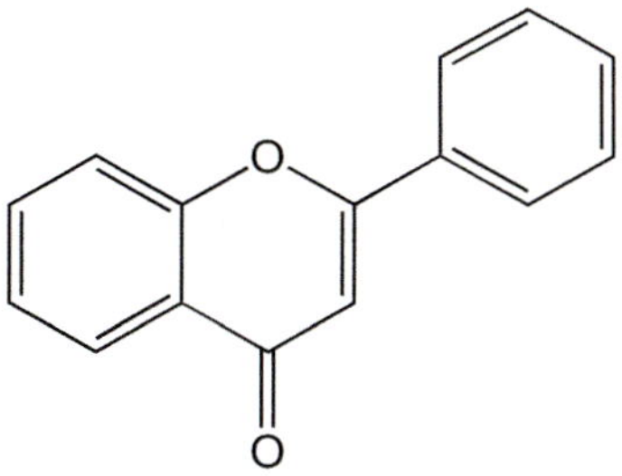

4. 관련논문

조수민, 권영민, 이재희, 윤규형, 이민원 (2002) B16쥐 흑색종 세포 내 개암나무 (*Alnus hirsuta Turcz*)의 다이아릴헵타노이드의 멜라닌형성 억제작용. 대한약학회지, 25(6):885-888

5. 관련특허

심포젠 에이/에스 (2008) 알레르기를 치료하기 위한 재조합 폴리클로날 항체 또는정제된 폴리클로날 항체, 10-0831118-0000

고들빼기

1. 명명

학 명 : *Crepidiastrum sonchifolium (Bunge) Park & Kawano*

과 명 : 국화과 (Compositae)

속 명 : 고들빼기속 (Crepidiastrum)

영 명 : Korean youngia

향 명 : 씬나물, 꼬들빼기, 참꼬들빽이, 애기번줄씀바귀

2. 특징

한국, 중국에 분포하며 산과 들, 밭 근처에 서식한다. 물빠짐이 좋은 땅 양지
쪽에서 잘 자라며 마른 땅보다 습기가 어느 정도 있는 곳이 좋다. 추위에 견디
는 힘이 강하다. 파종적기는 7월 하순부터 8월 상순이며, 종자를 파종 전에 식
물 생장조절제 담그거나 0~4℃의 저온에 3주간 저온처리하면 발아율을 높일
수 있다. 발아시의 온도는 15℃~20℃로 비교적 낮은 온도에서 발아되는 특성
을 가지고 있으므로 파종상의 환경을 시원하게 만들어 주는 것이 좋다.

높이는 약 80cm이며, 줄기는 곧고 가지를 많이 치며 붉은 자줏빛을 띤다. 뿌
리에 달린 잎은 꽃이 필 때까지 남아 있으며 타원형이다. 길이 2.5~5cm, 너비
14~17mm이며 잎자루가 없고 가장자리는 빗살 모양으로 갈라진다. 잎 앞면은
녹색이고 뒷면은 회색이 섞인 파란색인데 양면에 털이 없다. 줄기에 달린 잎은
달걀 모양이고 길이 2.3~6cm로 밑이 넓어져 줄기를 감싼다. 불규칙하게 패인
톱니가 있으며 위쪽으로 올라갈수록 크기가 작아진다. 5~7월에 노란 꽃이 피
는데, 가지 끝에 두상화가 산방꽃차례로 달린다. 포는 2~3개이며 총포는 길이
5~6mm이고 바깥 포조각은 1줄로 배열하며 긴 타원형이다. 화관은 노란색이
고 끝이 갈라지며 통부분은 길이 1.5~2mm이고 잔털이 난다. 열매는 수과로
검은색에 납작한 원뿔형으로 6월에 익는다. 관모는 흰색이다.

봄철에 데쳐서 양념에 무쳐 먹거나 지짐이로 한다. 늦가을에는 뿌리째 김치
도 담근다. 민간에서는 풀 전체를 약재로 쓰기도 한다.

�֎ 효능
- 식욕증진 및 체질 개선
- 해열, 건위, 조혈, 소화불량, 폐렴, 간염, 타박상, 종기 등의 치료제

3. 활성성분

✽ Hyocyamine

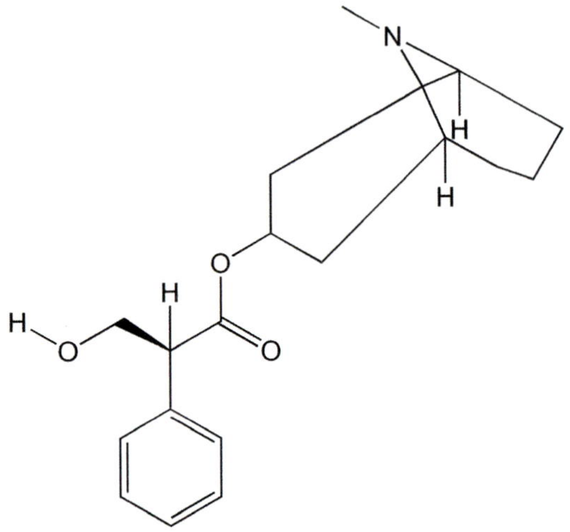

✽ Lactucin

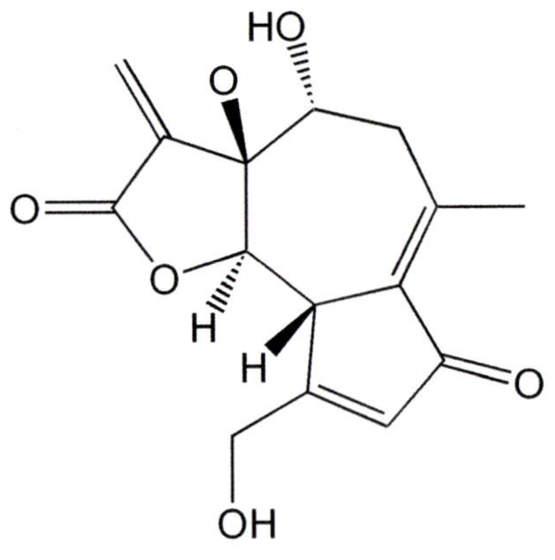

4. 관련논문

류혜숙, 김정희, 김현숙 (2007) 식물 혼합(고들빼기, 돌미나리, 메밀, 톳, 생강) 추출물이 마우스 면역 세포 활성에 미치는 영향. 한국식품영양학회지, 20(1):74-78

류혜숙, 김정희, 김현숙 (2008) 5가지 (고들빼기, 돌미나리, 메밀, 톳, 생강)혼합식품물 추출물의 마우스 면역세포 활성화 효과. 한국영양학회지, 41(2):141-146

배송자, 김남홍, 하배진, 정복미, 노승배 (1997) 고들빼기 잎 추출물이 흰쥐의 사염화탄소에 의한 간손상에 미치는 영향. 한국식품영양과학회지, 26(1):137-143

배송자, 김남홍, 노승배, 정복미 (1998) DPPC Liposome에 미치는 고들빼기 추출물의 DSC 연구. 한국식품영양과학회지, 27(3):518-524

손희숙, 정복미, 차연수 (2001) 고들빼기 첨가 식이가 알코올투여 흰쥐의 지방대사와 간 기능에 미치는 영향. 한국영양학회지, 34(5):493-498

양한식, 서식수, 이정희, 이지현, 최재수 (1992) Ixeris 속 식물의 약화학적 연구1. 고들빼기의 고콜레스테롤혈증 개선효과. 한국식품영양과학회지, 21(3):291-295

양한석, 최재수, 이지현 (1992) 고들빼기의 고콜레스테롤혈증 개선효과. 한국생약학회지, 23(2):73-76

5. 관련특허

문제학 (2008) 고들빼기 뿌리와 줄기 및 잎으로부터 분리한 천연항산화물질 및 그의 분리방법, 10-0844161-0000

엄주환, 서만철, 권두한, 윤병구, 최화정, 권경미, 김찬수 (2007) 댕댕이나무 추출물을 포함하는 간 기능 회복용 식품 조성물, 10-0699782-0000

(주) 바이오원, 이진호, 김영호, 이기수, 안치영 (2006) 마과, 씀바귀 및 고들빼기의 추출물을 함유한 복합생약바이러스성 간질환 치료용 조성물,10-0553082-0000

고려 엉겅퀴

1. 명명

학 명 : *Cirsium setidens (Dunn) Nakai*

과 명 : 국화과 (Asteraceae, Compositae)

속 명 : 엉겅퀴속 (Cirsium)

영 명 : Korean thistle

향 명 : 곤드레, 구멍이, 도깨비엉겅퀴, 고려가시나물

2. 특징

한국이 원산으로 강원 산간지방의 산지의 기슭이나 골짜기에서 서식한다. 고려엉겅퀴(곤드레)는 배수가 양호하고 보수력이 좋은 비옥한 땅으로 약산성 (pH 5.5~6.5)인 사질양토가 좋으나 대체로 어느 토양에서나 잘 자란다. 생육에 알맞는 온도는 18~25℃로 비교적 서늘하고 공중습도가 높은 곳이 좋으며 건조가 계속되는 곳은 좋지 않다. 파종은 파종상자나 묘상에 조파나 산파를 하는 것이 일반적이지만, plug판에 파종 육묘하여 이식하면 활착율을 높일 수 있다.

높이는 약 1m이며 뿌리가 곧으며 가지가 사방으로 퍼진다. 뿌리에 달린 잎과 밑부분의 잎은 꽃이 필 때 시든다. 줄기에 달린 잎은 타원 모양 바소꼴 또는 달걀 모양으로 밑쪽 잎은 잎자루가 길고 위쪽 잎은 잎자루가 짧다. 잎의 앞면은 녹색에 털이 약간 나며 뒷면은 흰색에 털이 없고 가장자리가 밋밋하거나 가시 같은 톱니가 있다. 7~10월에 지름 3~4cm의 붉은 자줏빛 관상화(管狀花)가 원줄기와 가지 끝에 한 송이씩 핀다. 총포는 둥근 종 모양으로 길이 약 2cm이고 털이 빽빽이 난다. 화관은 자줏빛이고 길이 15~19mm이다. 열매는 수과로 길이 3.5~4mm의 긴 타원형이며 11월에 익는다. 관모는 갈색이다.

어린잎을 살짝 데쳐 무쳐서 먹거나, 된장국을 끓이거나, 밥 지을 때 나물을 넣고 나물밥을 해 먹는다. 나물을 뜨거운 물에 데쳐 햇볕에 말려 묵나물로도 사용한다.

✠ 효능

- 어혈이 풀리게 하고 피를 토하는 것, 코피를 흘리는 것을 멎게 함
- 옹종과 옴과 버짐을 낫게 함
- 여자의 적백대하를 낫게 하고 정을 보태 주며 혈을 보호

3. 활성성분

✠ Silymarin

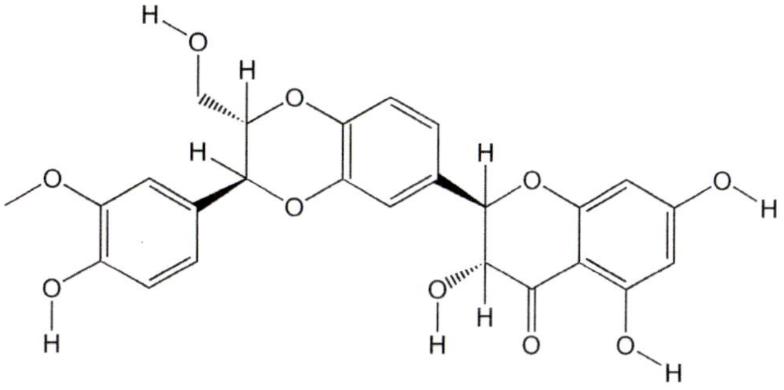

�֍ Stigmasterol

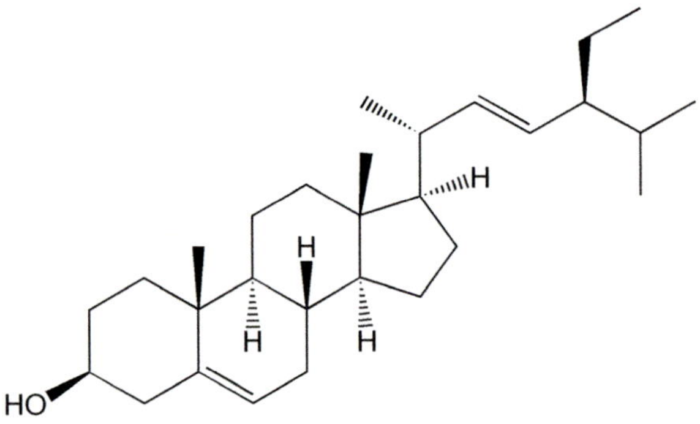

✖ Taraxaxteryl acetate

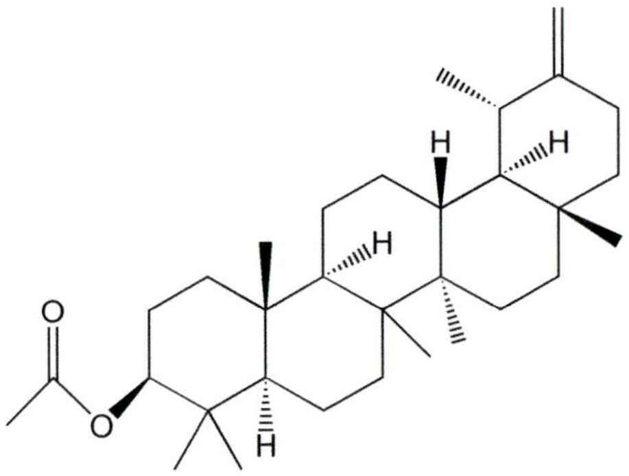

✖ α-amyrin

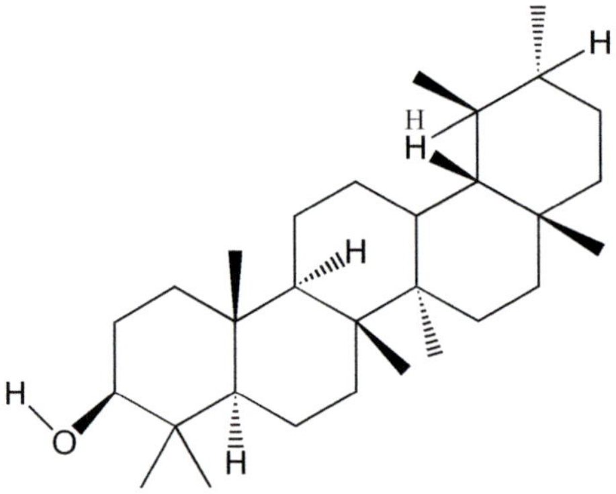

✠ β-sitosterol

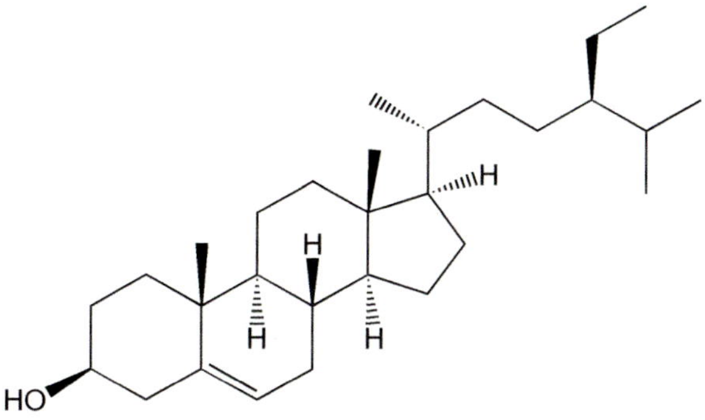

4. 관련논문

Lee SH, Heo SI, Li L, Lee MJ, Wang MH (2008) Antioxidant and hepatoprotective activities of *Cirsium setidens Nakai* against CCl4-induced liver damage. Am. J. Chin. Med., 36(1):107-146

Yoo YM, Nam JH, Kim MY, Choi J, Park HJ (2008) Pectolinarin and Pectolinarigenin of *Cirsium setidens* Prevent the Hepatic Injury in Rats Caused by D-Galactosamine via an Antioxidant Mechanism. Biol. Pharm. Bull., 31(4):760-764

심관섭, 김진화, 이동환, 이범천, 이근수, 표형배 (2007) 고려엉겅퀴 추출물의 사람 섬유아세포에 있어서 자외선으로 유도된 MMP-1발현 저해와 피부 탄력 개선 효과. 대한화장품학회지, 33(3):181-187

이성현, 김영선, 허성일, 심태흠, 사재훈, 최대성, 왕명현 (2006) 부위별 고려엉겅퀴의 이화학적 성상 및 항산화 활성 효과. 한국식품과학회지, 38(4):571-576

정미정, 허성일, 왕명현 (2008) 민들레와 두종의 엉겅퀴의 Rat lens aldose reductase 억제활성. 한국응용생물화학회지, 52(6):302-306

5. 관련특허

(주) 한불화장품 (2007) 고려엉겅퀴 추출물을 주요 활성성분으로 함유하는 피부외용제 조성물, 10-0728813-0000

고사리

1. 명명

학 명 : *Pteridium aquilinum var latiusculum (Desv) Underwood ex Heller*

과 명 : 고사리과 (Pteridaceae)

속 명 : 고사리속 (Pteridium)

영 명 : Eastern bracken fern

향 명 : 궐, 궐아채, 거두채, 용두채, 고사리밥, 층층고사리, 참고사리, 북고사리

2. 특징

고사리는 하나의 종(species)을 지칭하는 말이 아니라, 약 10 여가지의 종이 속하는 속(genus)을 가르키는 말로 과거에는 Pteridium aquilinum라고 하는 하나의 종으로 취급했으나 최근에는 여러 종으로 분류한다. 세계적으로 가장 널리 펴져 있는 양치류(fern)로써 북반구의 온대지방과 한대지방과 같은 산과 들의 양지바른 곳에서 잘 자란다. 다만 조금이라도 공해가 있는 곳에서는 전혀 생장을 못하는 저공해 식물로 알려져 있다. 또한 내한성, 내동성이 강하며 기온이 17~18℃ 이상 되면 새싹이 돋아나서 잘 자라지만 30℃ 이상 고온이 되면 잎과 줄기가 굳어진다. 따라서 배수가 잘 되고 부식질이 많은 비옥한 양토로 토양 습도의 유시가 잘되고 다소 그늘진 곳이 재배적지이다. 번식방법은 포자(胞子) 발아법과 땅속줄기 이용법이 있으나, 포자번식은 기간이 많이 소요되고 농가 실용기술로는 어려운 점들이 많아 주로 땅속줄기를 이용하여 번식시키고 있다. 땅속줄기는 연중 채취가 가능하지만 활착을 감안할 때 가장 좋은 시기는 휴면에 들어가는 9월에서 10월경이다. 잎자루가 황갈색으로 변했을 때 뿌리를 캐면, 뿌리줄기의 마디에 다음해 봄에 돋아나올 새눈이 자라고 있는데, 눈이 여러개 붙어 있도록 10~20cm 길이로 잘라서 초상 15일전 두둑(너비 120cm, 통로 60cm)을 만든 후 종근을 m^2당 150주 정도 베게 심고, 건조 및 동해를 예방하기 위해 짚이나 낙엽으로 피복하여 준다. 뿌리줄기(rhizome)가 1m 이상을 땅속에서 자라면서 곳곳에 잎을 뻗는다. 잎은 큰 삼각형이며, 0.6~2m 길이로 자란다. 땅 위로 뻗은 중심이 되는 줄기는 직경이 1cm에 달한다.

고사리의 어린 순은 데치거나 우려서 고사리전, 육개장부재료, 특히 관혼상제와 사찰에서 많이 이용되었다. 고사리의 뿌리에서 전분을 채취하여 이용한다.

✣ 효능

- 해열, 이뇨 등에 효능
- 설사, 황달, 대하증 치료제

✷ Isoquercitin

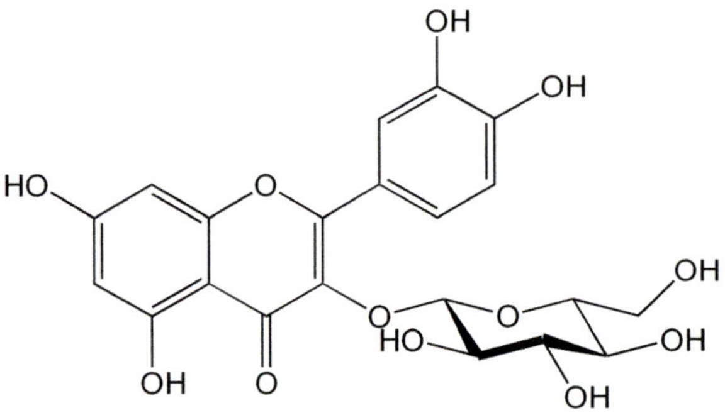

✷ Ponasteroside A

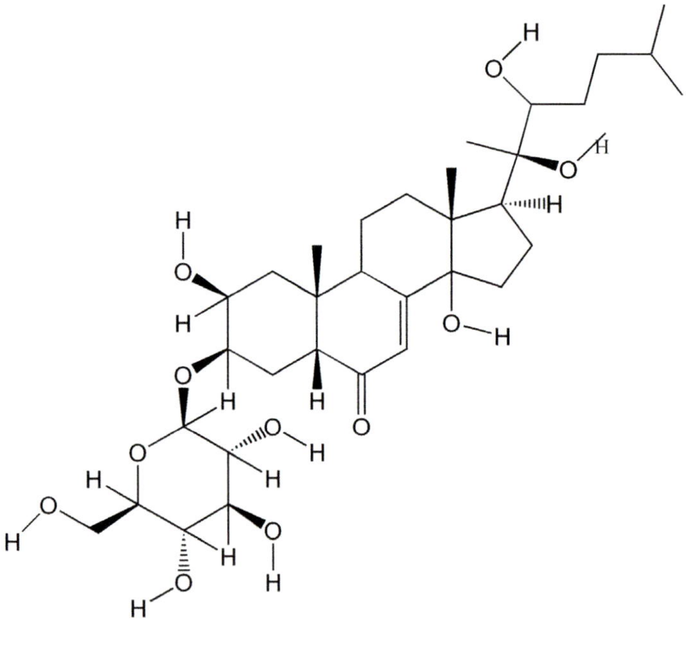

�֍ Prunasin

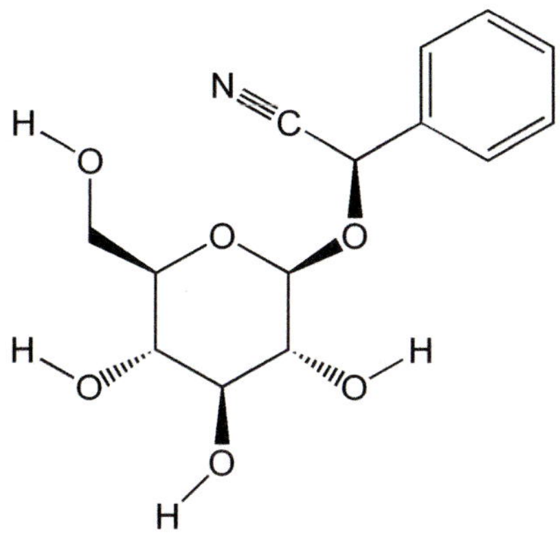

�֍ Ptelatoside

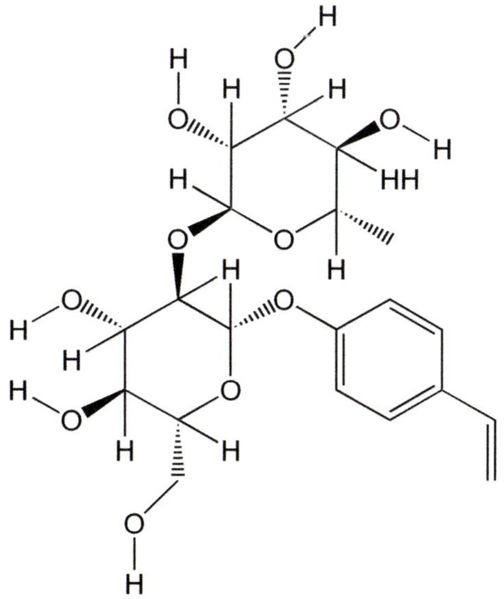

✖ Rutin

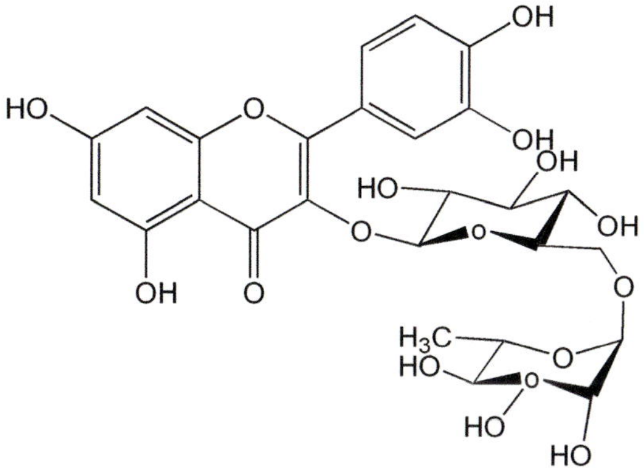

4. 관련논문

고상돈, 김기순 (1984) 고사리 (*Pteridium aquilinum*) Ethanol 추출액에 의한 혈압 강하작용. 대한생리학회지, 18(2):171-180

문영건, 허문수 (2007) 제주도 자생식물 메탄올 추출액의 항산화 및 항균 효능 검색. 한국생물공학회지, 22(2):78-83

문영건, 회광식, 이경준, 김기영, 허문수 (2006) 제주도 자생식물 열수 추출액의 항산화 및 항균효능 검색. 한국생물공학회지, 21(1):164-169

박현애, 권미향, 한형미, 성하진, 양한철 (1998) 고사리 단백다당(Pteridium aquilinum Glycoprotein, PAG)이 마우스 면역활성에 미치는 영향. 한국식품과학회지, 30(4):976-982

오병미, 권미향, 나경수 (1994) 고사리 열수 추출물로부터 보체계 활성화 산성 다당의 분리 및 특성. 한국식품영양학회지, 7(3):159-168

오순자, 홍성수, 김연희, 고석찬 (2008) 제주도에 자생하는 양치식물의 생리활성 검색. 한국자원식물학회지. 21(1):12-18

5. 관련특허

(주) 바이오스펙트럼 (2008) 두릅나무 에탄올 추출물을 유효성분으로 포함하는 피부 주름개선용 화장료 조성물, 10-0829832-0000

류기중 (2001) 고사리류 식물로부터 엑다이스테로이드계 화합물을 생산하는 방법, 10-0307552-0000

고추나무

1. 명명

학 명 : *Staphylea bumalda DC.*

과 명 : 고주나무과 (Staphyleaceae)

속 명 : 고추나무속 (Staphylea)

영 명 : Bumalda bladdernut

향 명 : 개철초나무, 미영다래나무, 매대나무, 고치때나무, 까자귀나무, 미영
꽃나무

2. 특징

한국, 일본, 중국 등지에 분포하며 전국의 산지, 산골짜기와 냇가주변에 자생한다. 양지와 반음지 환경과 습기가 약간 있는 토양조건에서 생육이 양호하다. 병해충에 강해 특별한 관리를 해주지 않아도 된다. 가을에 종자 꼬투리가 갈변하면 채종하여 정선한 다음, 충실한 종자만 골라 저온저장이나 노천매장 했다가 이듬해 3~4월에 파종하여 발아시키거나 직파하는 것이 바람직하다.

높이 5m에 달하는 낙엽관목 또는 소교목으로, 가지는 회녹색이고 어린 가지에 털이 없다. 잎은 대생하며 길이 2~4cm의 엽병에 소엽으로 되어 있다. 소엽은 장란상 타원형으로 길이 3~7Cm, 폭 1.5~3.5cm로 양끝이 좁고, 표면은 털이 없고 뒷면 맥상에 털이 있으며 거치가 있다. 가지 끝의 원추화서는 길이 5~8cm로서 5~6월에 피고 백색이며 소화경은 길이 8~12mm이다. 꽃부분은 5수성이고, 꽃받침잎과 꽃잎의 길이는 거의 같다. 삭과는 편평하고 윗부분이 2개로 갈라지는데, 길이는 1.5~2.5cm이다. 가지는 둥글며 회녹색이고, 어린가지에는 털이 없다. 잎은 마주나고 작은 잎은 3개이며 곁의 작은 잎은 잎자루가 없고 끝의 작은 잎은 밑부분이 작은 잎자루로 흐르며 난형 또는 난상 타원형으로서 양끝이 좁고, 표면은 털이 없으나 뒷면은 맥 위에만 털이 없으며 가장자리에 침상의 잔 톱니가 있고 긴 잎자루가 있다. 꽃받침 잎, 꽃잎 및 수술은 각각 5개이고, 1개의 암술은 윗부분에서 2개로 갈라지며 각각 1개의 암술대가 있다. 열매는 반 타원형의 고무 베개처럼 부풀은 삭과이고 윗부분이 2개로 갈라지며 끝이 뾰족하고 2실 자방에 각각 1~2개의 광택이 있는 담황색의 종자가 들어있다.

봄에 연한 잎을 삶아 나물로 먹는다. 고추나무 잎은 떫다든가 쓰다든가 하는 잡맛이 없고 순하면서도 부드러워서 널리 이용된다. 생으로 튀기거나 소금물에 살짝 데쳐서 나물로 무쳐도 좋고 기름에 볶아도 좋다. 샐러드나 국거리로도 이용하며 삶아서 말렸다가 묵나물로도 이용한다.

✤ 효능

- 부인의 산후어혈부정

3. 활성성분

✠ Saponin

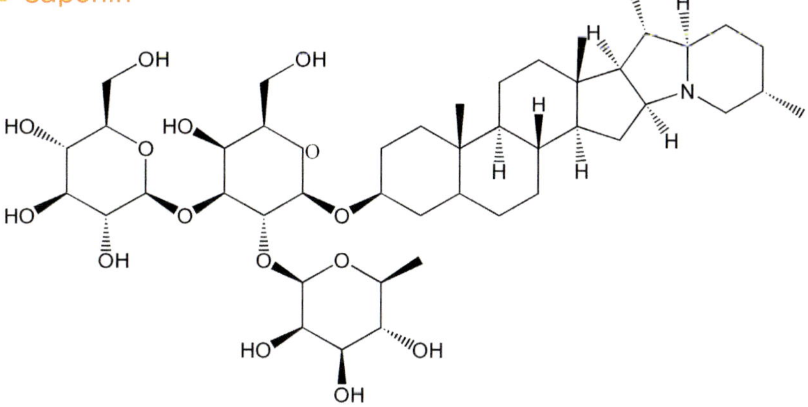

✠ Staphylin

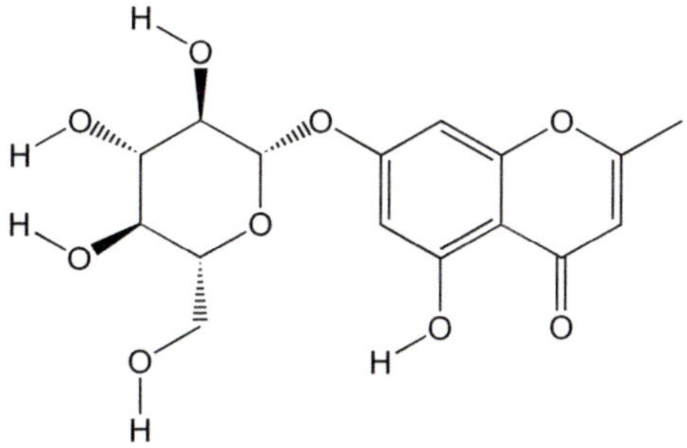

4. 관련논문

조재열 (2007) 한국산 자생 수목 유래 수피추출물의 종양괴사인자 억제효과. 한국약용작물학회지, 15(4):271-275

5. 관련특허

안용준, 김현경, 양영철, 김순일, 정인홍, 이규석 (2008) 식물 추출물을 포함하는 진드기 알레르기원 중화제 및 이를 포함하는 조성물, 10-0821926-0000

조천호 (2004) 천연식물 추출물로 이루어진 피부개선 화장료 조성물, 10-0436384-0000

<h1 style="text-align:center; color:#E8820C;">곰취</h1>

1. 명명

학 명 : *Ligularia fischeri (Ledeb) TURCZ.*

과 명 : 국화과 (Compositae)

속 명 : 곰취속 (Ligularia)

영 명 : Fischer ligularia

향 명 : 호로칠, 산자완, 마제엽, 신엽탁오, 북탁오

2. 특징

한국, 일본, 중국, 사할린섬, 동시베리아에 분포하며, 고원이나 깊은 산의 습지에 서식한다. 배수가 좋고 비교적 서늘한 곳에서 잘 자란다. 딥고 건조한 지역에서는 잎이 오그라드는 현상을 나타내며 고온으로 인한 식물체의 신진대사가 저하되므로 생육 및 종자결실이 불량해진다. 대체로 해발 250~1,400m의 그늘진 곳의 부엽이 풍부하고 항상 습기를 함유하고 있는 곳에서 잘 자라므로 표토층이 깊고 비옥한 땅이 재배적지이다.

높이 1~2m이다. 뿌리줄기가 굵고 털이 없다. 뿌리에 달린 잎은 길이가 9cm에 이르는 것이 있고 큰 심장 모양으로 톱니가 있으며 잎자루가 길다. 뿌리에 달린 잎 사이에서 줄기가 나온다. 줄기에는 잎이 3장 달리는데, 모양은 뿌리에 달린 잎과 비슷하지만 크기가 작고 잎자루의 밑부분이 줄기를 싸고 있다. 7~9월에 줄기 끝에 지름 4~5cm의 노란색 설상화가 총상꽃차례로 핀다. 꽃차례 길이는 50cm 이상이고, 꽃자루는 길이 1~9cm이며 포가 1개 있다. 총포는 통처럼 생긴 종 모양으로 길이 10~12mm, 나비 8~14mm이다. 열매는 수과로 10월에 익으며 길이 6.5~11mm이다. 갈색 관모가 있어서 바람에 잘 날려 흩어진다.

어린잎을 살짝 데쳐 쌈이나 나물로 무쳐 먹는데, 독특한 향미가 있다.

✳ 효능
- 항염증 및 항암효과
- 기침, 고혈압, 관절염에 효능
- 한약재로는 진해, 거담, 진통, 혈액순환 촉진제 이용

3. 활성성분

✳ Ligularone

✠ Liguloxide

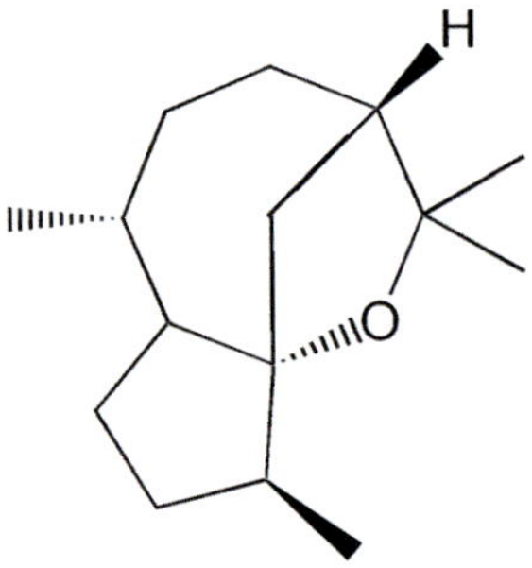

✠ Petasalbin

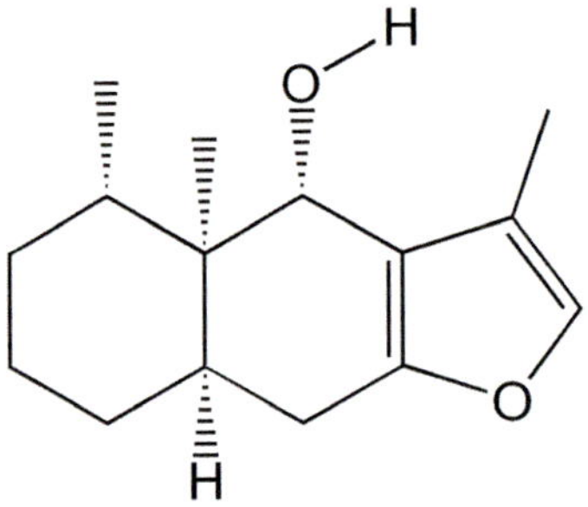

4. 관련 논문

권영주, 김공환, 김현구 (2002) 마이크로웨이브 추출조건에 따른 곰취 추출물의 총 폴리페놀 함량 및 항산화작용의 변화. 한국식품저장유통학회지, 9(3):332-337

나영, 김진화, 심관섭, 이범천, 표형배 (2006) 곰취의 항산화와 UVA에 의한 MMP-1 발현 저해효과. 대한화장품학회지, 32(3):129-134

장상근, 김준호, 오혜숙 (2008) 곰취 분말 및 당귀 열수추출물의 생리활성을 활용한 기능성 냉면의 제조. 한국식생활문화학회지, 23(4):479-488

정성원, 김은정, 황보현주, 함승시 (1998) 저밀도 지방단백질의 산화에 대한 곰취 추출물의 항산화 효과. 한국식품과학회지, 30(5):1214-1221

최근표, 정병희, 이동일, 이현용, 이진하, 김종대 (2002) 약용식물의 Angiotensin Converting Enzyme 저해활성 탐색. 한국약용작물학회지, 10(5):399-402

함승시, 이상영, 오덕환, 정성원, 김상현, 정차권, 강일준 (1998) 곰취 추출물의 항돌
연변이성 및 유전독성억제효과. 한국식품영양과학회지, 27(4):745-750

함승시, 이상영, 오덕환, 정성원, 김상현, 정차권, 강일준 (1998) 곰취 추출물의 세포
독성 효과. 한국식품영양과학회지. 27(5):987-992

5. 관련특허

강삼식, 장현옥, 손건호, 김현표, 배기환 (2004) 항염증 작용을 하는 곰취 추출물 및
그 분획물, 10-0416482-0000

김충수, 김윤수, 김길보, 김명보, 이지원 (2007) 항산화 활성을 가지는 기능성 쌈두
부 또는 전두부, 10-2007-0113575

이정준, 이정형, 김항섭, 홍영수 (2001) 에레모필란계 화합물 또는 곰취추출물을 유
효성분으로 함유하는 염증질환 치료제, 면역질환 치료제, 및 암 치료제, 10-
2001-0073080

광대나물

1. 명명

학 명 : *Lamium amplexicaule L.*

과 명 : 꿀풀과 (Lamiaceae, Labiatae)

속 명 : 광대수염속 (Lamium)

영 명 : Henbit

향 명 : 접골초, 진주연, 코딱지나물, 코딱지풀, 작은잎꽃수염풀

2. 특징

한국, 중국, 일본, 타이완, 북아메리카에 분포하며 풀밭이나 습한 길가에서 잘 자란다. 씨로 번식하며 비옥한 양지 땅에서 잘 자라고 척박한 토양에서도 잘 견딘다. 봄에 채종하여 바로 뿌리면 여름이 지나서 발아된다. 겨울에는 잎이 약간 남아 있는 상태에서 월동하고, 이른 봄에 2개월 정도 개화한다. 열매가 익은 후 죽는다.

원줄기는 가늘고 네모지며 자주색이 돌지만 밑에서 가지가 많이 갈라져서 여러 대가 한군데서 자라며 비스듬히 눕기도 한다. 잎은 마주나고 아래쪽의 잎은 긴 잎자루가 있으나 둥글다. 앞면과 뒷면 맥위에 털이 나고 가장자리에 톱니가 있다. 꽃은 4~5월경 잎겨드랑이에서 붉은 자주 빛 꽃이 여러 개가 붙어 돌려난 것처럼 달린다. 꽃받침은 끝이 5개로 갈라지고 잔털이 있다. 화관통은 길지만 아랫잎술 꽃잎은 3개로 갈라지고, 윗잎술 꽃잎은 앞으로 약간 굽었으며 수술은 2강 수술이나 달린 꽃도 흔히 생긴다. 열매는 분과이며 3개의 능선이 있는 난형으로 전체에 흰 반점이 있다.

연한 어린잎을 살짝 데쳐 무쳐서 먹거나, 끓여 먹는다. 맵고 쓴 맛이 나는 성분이 함유되어 있으므로 데친 다음, 여러 시간 잘 우려낸 뒤 조리한다.

✤ 효능

- 토혈과 코피 멎는데 사용
- 거풍, 통락, 소종, 지통의 효능
- 근골동통, 사지마목, 타박상을 치료

3. 활성성분

✤ Ipolamiide

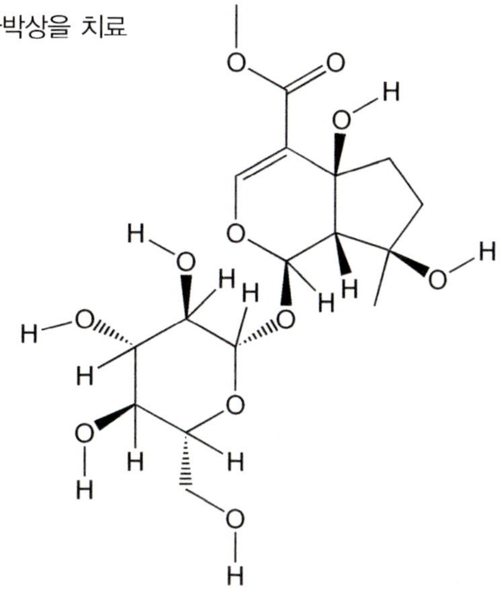

✖ Lamiide

✖ Luminol

4. 관련논문

- 없음

5. 관련특허

- 없음

광대수염

1. 명명

학 명 : *Lamium album var. barbatum (Siebold & Zucc) Franch & Sav.*

과 명 : 꿀풀괴 (Lamiaceae, Labiatae)

속 명 : 광대수염속 (Lamium)

엉 녕 : White dead nettle

향 명 : 야지마, 수모야지마, 산광대

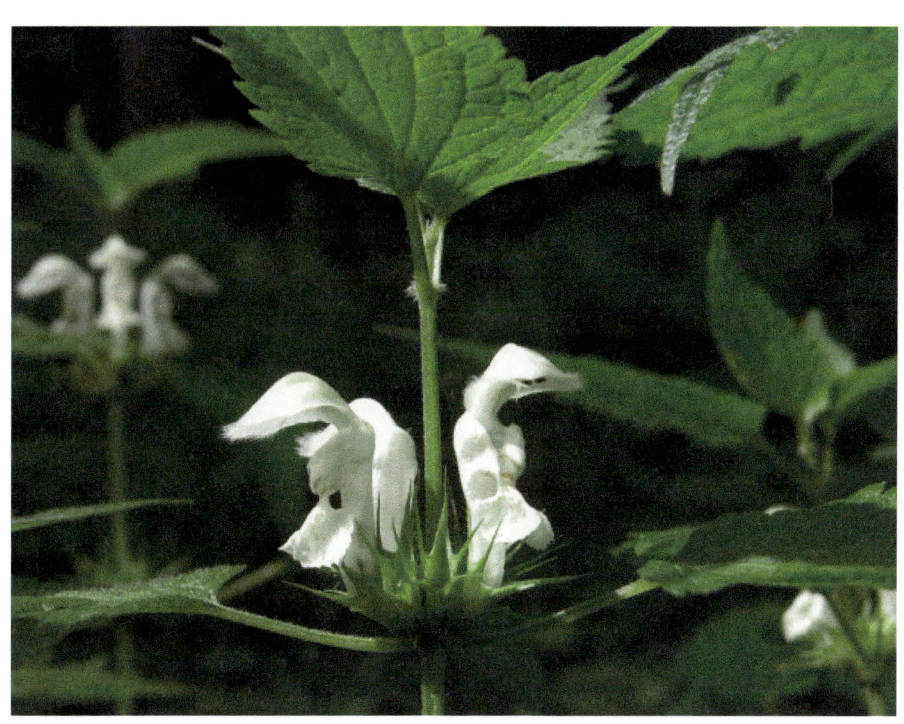

2. 특징

한국, 일본, 중국 등 아시아 전지역에 분포하며, 산이나 들의 그늘진 곳에서 난다. 강건한 식물이므로 특별한 관리가 필요 없는 식물이나 비옥하고 보습성이 좋은 토양에 재배하는 것이 좋다. 종자를 채취하여 곧바로 파종하면 이듬해 봄에 발아한다. 자연번식이 잘 이루어지고 봄, 가을에 분주로도 잘 증식된다.

줄기는 곧게 서고 높이 60cm 정도이며 네모지고 털이 약간 있다. 잎은 마주나고 잎자루가 있으며 달걀 모양이다. 잎 끝이 뾰족하고 밑은 둥글거나 심장 모양이며, 길이 5~10cm, 나비 3~8cm이다. 잎 가장자리에 톱니가 있고 양면에 털이 있으며 주름진다. 5월에 연한 붉은빛을 띤 자주색 또는 흰색 꽃이 마주난 잎겨드랑이에 5~6개씩 층층으로 달려 핀다. 꽃받침은 길이 13~18mm로 5갈래로 갈라지고 끝이 뾰족하며 가장자리에 털이 난다. 화관은 윗입술꽃잎이 앞으로 굽어 말리고 흰 털이 있으며, 아랫입술꽃잎은 밑으로 넓게 퍼진다. 4개의 수술 중 2개가 길고 암술이 1개 있다.

어린순과 잎은 나물로 먹는다.

✠ 효능

- 노화 방지
- 간을 맑게 하고, 습을 없애며, 피를 활성화시키고, 뼈와 근육의 염증완화

3. 활성성분

✠ Kaempferol-3-glucoside

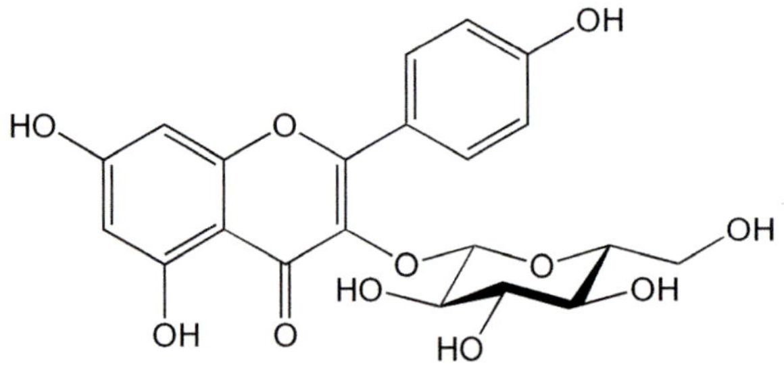

✖ Quercimeritrin

✖ Saponin

✖ Tannin

4. 관련논문

- 없음

5. 관련특허

- 없음

궁궁이

1. 명명

학 명 : *Angelica polymorpha MAXIM.*

과 명 : 산형과 (Umbelliferae)

속 명 : 갯사상자속 (Cnidium)

영 명 : Polymorphic angelica

향 명 : 다형당귀(多型當歸), 천궁(川芎), 백봉천궁, 토천궁, 심산천궁

2. 특징

한국과 일본에 분포하며, 산골짜기 냇가에 서식한다. 재배적지는 내한성이 강해 아무리 추워도 동해를 잘 받지 않고 월동하며, 미나리과 북방형 식물로서 비교적 서늘한 기후를 좋아하기 때문에 해발 300m 이상의 산간 고냉지인 중부이북 지방에서 많이 재배되고 있다. 부식질이 풍부한 사양토 또는 식양토(pH 6.5~7.0)로써 배수가 잘 되고 표토가 딱딱하거나 얕지 않는 토양에서 생육이 양호하다.

높이는 80~150cm 정도이며 줄기는 곧게 서고 가지를 치며 뿌리는 다소 굵다. 뿌리에서 난 잎과 밑 부분의 잎은 길이 20~30cm의 깃꼴겹잎으로 잎자루가 길고 삼각형 또는 세모진 넓은 달걀 모양이며, 3개씩 3~4회 갈라진다. 작은 잎은 달걀 모양 또는 바소꼴로 길이 3~6cm이고 깊게 패인 톱니가 있으며 끝이 뾰족하다. 8~9월에 흰색 꽃이 피는데 복산형 꽃차례로 우산자루에 털이 많고 작은 우산자루는 20~40개이다. 작은 꽃자루는 길이 5~15mm로서 우산자루 윗부분과 작은 우산자루 안쪽과 마찬가지로 안쪽에 흰색 돌기가 있다. 총포조각은 대개 5개로 줄 모양이며 작은 총포조각은 없다. 화관은 작고 꽃받침 잎은 5개이며 달걀을 거꾸로 세운 모양으로 안으로 굽는다. 수술은 5개이고 씨방은 1개이며 꽃받침 아래 있다. 열매는 편평한 타원형으로 날개가 있다. 어린 순을 나물로 먹는다. 한국, 일본 등지에 분포한다.

연한 잎과 줄기를 생이나 데쳐서 먹는다.

✠ 효능

- 멜라닌 생합성 억제 효과
- 심혈관 계통에 대한 작용 및 항방사선, 항균 등의 작용

3. 활성성분

✠ Cnidiumlacton

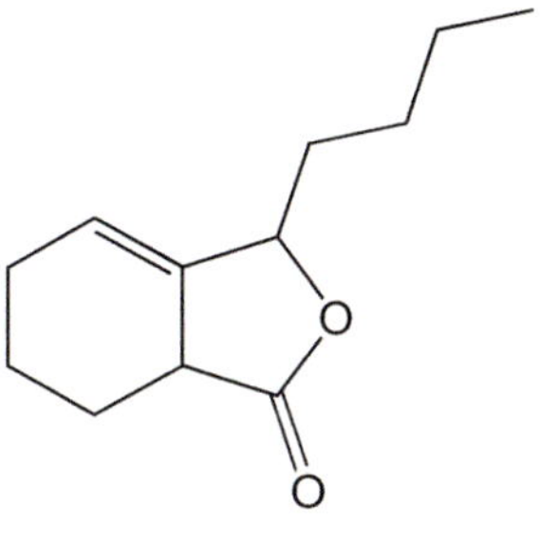

4. 관련논문

백승화, 김진희, 김현아, 이상명, 이찬용, 고영희, 이충환 (2003) 궁궁이로부터 분리
한 Coumarin 계열 화합물의 Melanin 생합성 억제 활성. 한국미생물생명공
학회지, 31(2):135-139

5. 관련특허

한국생명공학연구원 (2005) 궁궁이로부터 분리한 멜라닌 생합성 저해활성을 가지는
화합물 및 이를 포함하는 피부미백제, 10-0488493-0000

기린초

1. 명명

학 명 : *Sedum kamtschaticum FISCHER.*

과 명 : 돌나무과 (Crassulaceae)

속 명 : 꿩의비름속 (Sedum)

영 명 : Orange stonecrop

향 명 : 혈산초, 비채, 북경천, 꿩의비름, 넓은잎기린초, 각시기린초

2. 특징

한국, 일본, 사할린, 쿠릴, 캄차카, 아무르, 중국 등지에 분포하며 산지의 바위겯에서 자란다. 적응성이 대단히 뛰어난 야생화로 건조에 강한 것이 아주 좋은 특징이다. 번식법은 여름철에 식물체가 잘 자랐을 때, 낫으로 베어서 작두로 4~5㎝정도 잘라서 1.2m폭의 상에 뿌리고 얇게 덮어주면 바로 뿌리를 내리고 새로운 개체를 만든다. 이 방법이 가장 손쉬운 방법으로 종자를 8~9월에 채취하여 이듬해 봄에 파종하고자 할 때는 기건 저장하였다가 모래에 섞어서 뿌리는데 종자가 아주 미세하기 때문에 모래와 썩을 때 혼합이 잘되도록 해야 한다.

높이는 5~30cm이며, 뿌리줄기는 매우 굵고 원줄기의 한군데에서 줄기가 뭉쳐나며 원기둥 모양이다. 잎은 어긋나고 거꾸로 선 달걀 모양 또는 긴 타원 모양으로 톱니가 있으며 잎자루는 거의 없고 육질(肉質)이다. 6~7월에 노란 꽃이 취산꽃차례[聚揀花序]로 꼭대기에 많이 핀다. 꽃잎은 바소꼴로 5개이며 끝이 뾰족하다. 꽃받침은 바소꼴의 줄 모양으로 5개이며 녹색이다. 수술은 10개이고 암술은 5개이다.

옛날에는 구황식물로서 배고픔을 달래는 좋은 역할을 해주었는데, 오늘날에는 맛있는 산나물로 즐기곤 한다. 전초를 푹 데친 후 잘 말려서 묵나물로 저장해야 하며 이 묵나물을 불려서 간을 하여 무쳐서 먹는다.

✠ 효능

- 기침, 가래약으로 쓰며 자양강장 효과
- 혈액순환을 원할하게 하고 정신을 안정시키는 작용
- 위장질환, 허약증, 관절염, 종양, 각종 염증, 고혈압에 효험
- 폐결핵, 폐렴, 콩팥에서 생기는 나쁜 증세, 간질병 치료에 도움

3. 활성성분

�֎ Aesculin

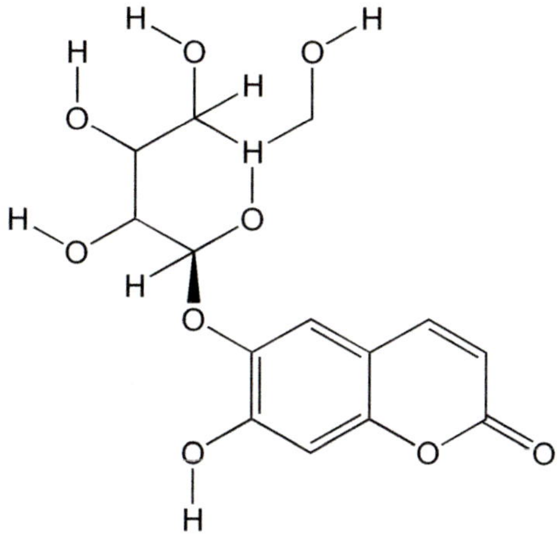

✖ Gossypetin

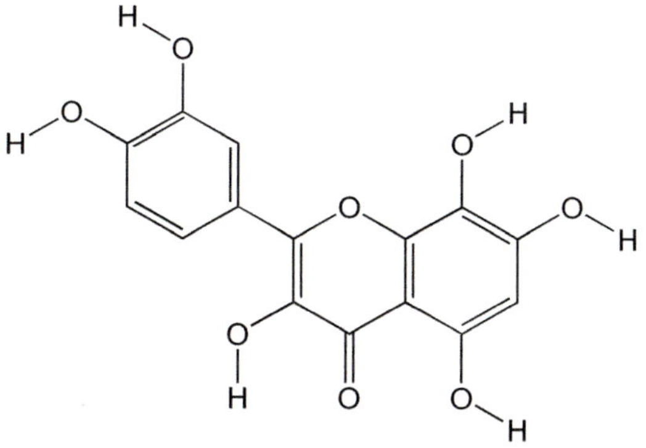

✖ Gossypin

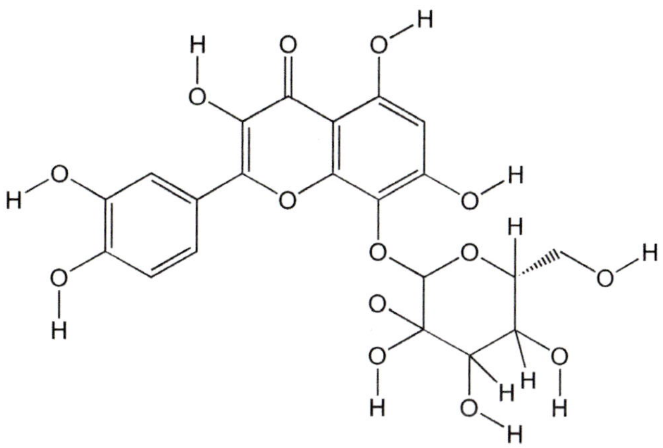

�֎ Hyperin

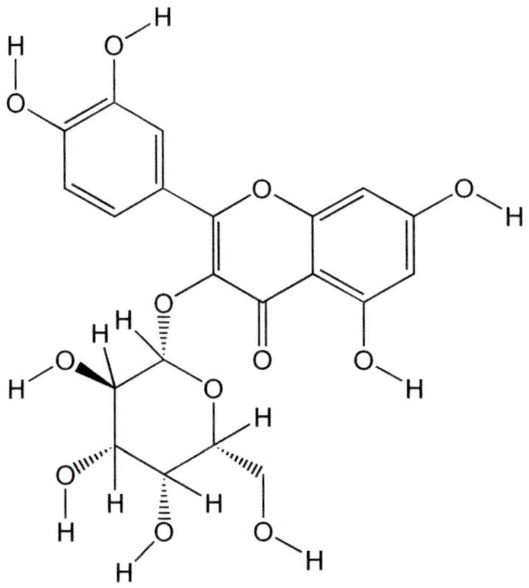

✖ Kaempferol

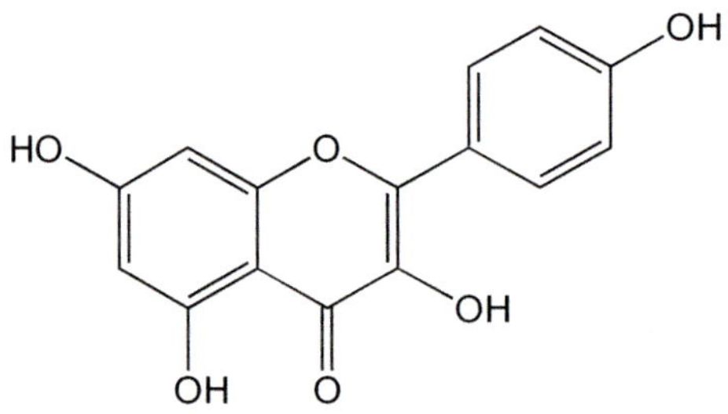

✖ Myricitrin

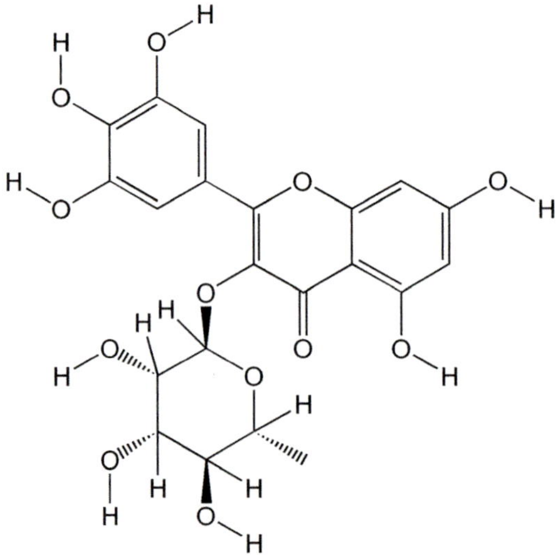

✼ Quercetin

✼ Sedoheptulose

4. 관련논문

D.W, Kim, K.H, Son, H.W, Chang, K, Bae, S.S, Kang, H.P. Kim (2004) Anti-
     inflammatory activity of *Sedum kamtschaticum*. J. Ethnopharmacology,
     90(2):409-414

박종희, 권대근, 김미희 (2008) 민간약 기린초의 생약학적 연구. 한국생약학회지,
     39(2):137-141

이승은, 김금숙, 안태진, 안영섭, 이광원, 박호기 (2007) 추출조건에 따른 좁쌀풀
     (*Lysimachia vulgaris var. davurica*)뿌리와 기린초 (*Sedum Kamtscharicum*)
     뿌리의 항산화효과. 한국작물학회 학술발표대회, pp306

5. 관련특허

(주) 씨제이 (2009) 미백 화장료 조성물, 10-089306-0000

(주) 한국파마, 장현욱, 손건호, 김현표, 배기환, 강삼식 (2005) 기린초 추출물, 이로
     부터 분리한 화합물 및 이들을 유효성분으로 함유하는 항염증용 약제학적조
     성물, 10-0470158-0000

꿀풀

1. 명명

학 명 : *Prunella vulgaris var. lilacina Nakai*

과 명 : 꿀풀과 (Laviatae)

속 명 : 꿀풀속 (Prunella)

영 명 : Selfheal, Healall

향 명 : 하고초, 꿀방망이, 가지골나물, 하고두

2. 특징

한국, 일본, 중국타이완, 사할린, 시베리아남동부 등 한대에서 온대에 걸쳐 분포하며, 전국의 산과 들 양지바른 초원이나 길가에서 자생한다. 온화하고 습윤한 기후가 좋지만 혹한에도 잘 견디는 풀이다. 양지바르고 배수가 잘되는 사질양토가 가장 적합하며 그 다음으로 점질 토양과 석회질 토양이 적합하다.

전체에 짧은 흰 털이 흩어져 난다. 줄기는 네모지고 다소 뭉쳐나며 곧게 서고 높이가 30cm 정도이고, 밑 부분에서 기는줄기가 나와 벋는다. 잎은 마주나고 잎자루가 있으며 긴 달걀 모양 또는 긴 타원 모양의 바소꼴로 길이가 2~5cm이고 가장자리는 밋밋하거나 톱니가 있다. 꽃은 7~8월에 자줏빛으로 피고 줄기 끝에 길이 3~8cm의 원기둥 모양 수상꽃차례를 이룬다. 포는 가장사리에 털이 있으며, 각각 3개의 꽃이 달린다. 꽃받침은 뾰족하게 5갈래로 갈라지고 길이가 7~8mm이며 겉에 잔털이 있다. 화관은 길이가 2cm로 입술 모양인데, 윗입술잎은 곧게 서고 아랫입술꽃잎은 3갈래로 갈라진다. 꽃은 양성화인데 수꽃이 퇴화된 꽃은 크기가 작다. 수술은 4개 중 2개가 길다. 열매는 분과(分果:분열과에서 갈라진 각 열매)이고 길이 1.6mm 정도의 황갈색이다. 어린순을 나물로 먹는다. 쓴맛이 강하므로 데쳐서 하루 정도 우려낸 다음 조리해야 한다.

✻ 효능

- 눈병, 결핵성 질환 및 임질에 효과
- 자궁병, 월경불순, 이뇨 등에도 효과
- 고혈압, 갑상선종, 두창, 해열 등에 효능

3. 활성성분

✻ Delphinidin

✠ Rutin

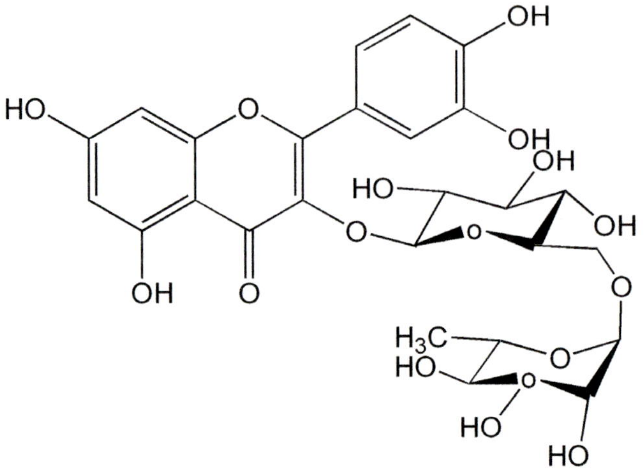

✠ Tannin

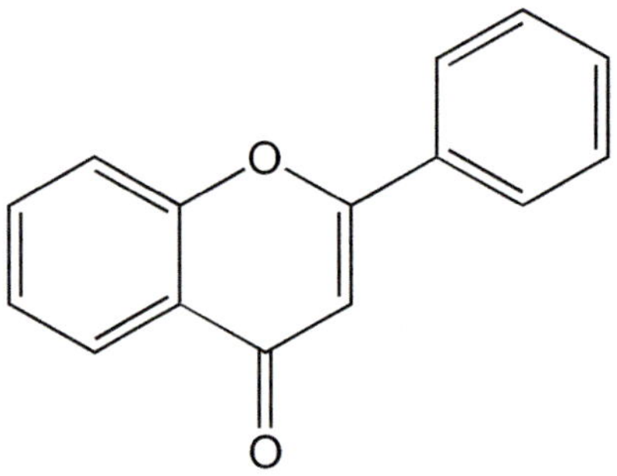

4. 관련논문

문영건, 여인규, 허문수 (2007) 꿀풀 추출물의 유산균에 대한 생육과 항산화 활성 및 어류 병원성 미생물에 대한 항균활성. 한국생명과학회지, 17(11):1547-1554

송영은, 구창섭, 문성필, 류지성, 김대향, 최영근, 최정식 (2002) Solid-Phase Microextraction (SPME) 에 의한 꿀풀과 약초의 향기성분과 그 특성. 한국약용작물학회지, 10(2):120-125

정기옥 (2007) 마와 꿀풀 추출물에 의한 Streptococcus mutans의 산 생성 및 Glucosyltransferase 저해효과. 한국치위생과학회지, 7(1):9-12

정기옥, 민경진 (2007) 구강병인균에 대한 마와 꿀풀추출물의 항균·항우식 효과.
한국환경보건학회지, 33(2):137-144

5. 관련특허

김민영 (2005) 멜리사엽 엑스를 유효성분으로 하는 혈관신생 억제용 조성물, 10-0478862-0000

인광세, 안영태, 김용희, 배진성, 허철성, 백영진 (2006) 간장 보호 및 혈중 알코올 분해에 유효한 조성물, 10-0655593-0000

임광세, 안영태, 김용희, 배진성, 오호경, 허철성 (2006) 간 기능 개선, 혈중 알코올 감소 및 항산화에 유효한 조성물, 10-0661032-0000

정정안, 천재안, 이우협, 조강진 (2009) 5-하이드록시메틸-2-푸랄데하이드의 생사 방법, 10-0895280-0000

충북대학교 산학협력단 (2007) 인플렉시놀을 유효성분으로 포함하는 암의 예방 또는 치료용 약제학적 조성물, 10-2007-0102928

카라마주홀딩스, 인코포레이티드 (1986) 꿀풀과 향료식물로부터의 산화방지제 추출물의 추출방법 및 이 추출물의 더 극성인 부분으로부터 덜 극성인 산화방지제 부분을 분리하는 방법, 10-1986-0011028

황금희, 박인혜 (2005) 모노아민산화효소 저해활성을 갖는 꿀풀 추출물을 함유한 조성물, 10-0526630-0000

나비나물

1. 명명

학 명 : *Vicia unijuga Al. BRAUN.*

과 명 : 콩과 (Leguminosae)

속 명 : 나비나물속 (Vicia)

영 명 : Pair vetch

향 명 : 왜두채, 초두, 야완두

2. 특징

　만주, 몽고, 사할린, 시베리아, 아무르, 우수리, 일본, 우리나라 전역의 산야에 분포하며, 산과 들에서 자라는 여러해살이풀이다. 기후에 대한 적응성이 넓은 편이나 대체로 해가 잘 드는 곳이 좋다. 토양은 유기질이 많고 배수가 양호한 양토나 사질양토가 적합하며 산성토양에는 약한 편이다. 척박한 땅에서는 어린 싹이 단단해지기 쉬우므로 퇴비와 계분 등을 기비로 사용하는 것이 좋다.

　줄기는 네모지며 조금 딱딱하고 뭉쳐나며 곧게 서거나 약간 비스듬히 자라고 높이가 30~100cm이다. 잎은 어긋나고 잎자루는 짧다. 잎 몸은 작은 잎이 2개인 겹잎이며, 작은 잎은 달걀 모양 또는 긴 타원 모양으로 끝이 뾰족하고 가장자리에 톱니가 없으며 길이가 3~8cm, 폭이 2~4cm이다. 턱잎은 콩팥 모양으로 2개로 갈라지거나 톱니가 있다. 꽃은 8월에 붉은 빛이 강한 자주색으로 피는데, 잎겨드랑이에서 나온 길이 2~4cm의 꽃대에 총상꽃차례를 이루며 많은 꽃이 한쪽으로 치우쳐 달린다. 꽃자루의 길이는 0~6cm로 일정하지 않으며 꽃 길이는 12~15mm이고, 꽃받침은 통 모양이고 끝이 5개의 줄 모양 조각으로 갈라지며, 화관은 나비 모양이다. 열매는 협과로 길이가 3cm 정도이고 털이 없으며 긴 타원 모양이다. 봄에 어린 순을 식용한다. 잎의 길이가 10cm, 폭이 5cm인 것을 큰 나비나물 (var.*ouensanensis*), 높이가 20cm에 달하고 전체가 작은 것을 애기나비나물 (var.*kausanensis*)이라고 한다.

　어린 순과 꽃봉오리를 산채로 식용한다. 씹으면 참기름과 유사한 풍미와 향이 입 안에 퍼진다. 어린 싹을 나물무침, 볶음, 국거리, 샐러드, 묵나물로 이용하며 꽃은 튀겨서 먹을 수 있다. 꽃은 관상가치가 있어 관상용으로 재배될 수 있으며 밀원식물로도 이용된다.

　✹ **효능**
　　• 현기증 치료 및 기력 회복
　　• 이뇨작용 및 혈압 강하와 숙취에 효과

3. 활성성분

✱ Cosmosiin

✱ Luteolin-7-glucoside

4. 관련논문

- 없음

5. 관련특허

- 없음

냉이

1. 명명

학 명 : *Capsella bursapastoris* (L.) *Medicus*

과 명 : 십자화과 (Brassicaceac, Cruciferae)

속 명 : 냉이속 (Capsella)

영 명 : Shepherd's pruse

향 명 : 재체, 양근초, 나생이, 나숭개나물, 낭낭지갑, 나숭게, 내이, 나새이

사진제공 : 강원대학교

2. 특징

지중해 지역이 원산지이며 지금은 전 세계에 퍼져 있다. 잔디밭이나 길가에서 흔히 자란다. 비교적 저온에서도 잘 자라는 내한성이 강한 식물이며 토양도 크게 가리지 않는 편이나, 햇빛이 잘 쬐이며 배수도 잘 되는 비옥한 토양인 사양토에서 양호하므로 이러한 조건을 갖춘 토양을 선택하도록 한다.

전체에 털이 있고 줄기는 곧게 서며 가지를 친다. 높이는 10~50cm이며, 뿌리잎은 뭉쳐나고 긴 잎자루가 있으며, 깃꼴로 갈라지지만 끝부분이 넓다. 줄기잎은 어긋나고 위로 올라갈수록 작아지면서 잎자루가 없어지며 바소꼴로 줄기를 반 정도 감싼다. 5~6월에 흰색 꽃이 피는데 십자화(十字花)가 많이 달려 총상꽃차례[總狀花序]를 이룬다. 꽃받침 은 4개로 긴 타원형이고 꽃잎은 거꾸로 선 달걀 모양이며 6개의 수술 중 4개가 길며, 1개의 암술이 있다. 열매는 편평한 거꾸로 된 삼각형 모양이고 25개의 종자가 들어 있다.

어린 순, 잎은 뿌리와 더불어 이른 봄을 장식하는 나물로 냉이국은 뿌리도 함께 넣어야 참다운 맛이 난다. 또한 데워서 우려낸 것을 잘게 썰어 나물죽을 끓여 먹기도 한다.

✠ 효능

- 위궤양, 치질, 폐결핵에 효능
- 혈압강하, 지사제, 건위소화제, 지혈제, 자궁출혈 및 월경과다치료제로 이용
- 시력 보호 및 항산화 활성

3. 활성성분

✠ Adonitol

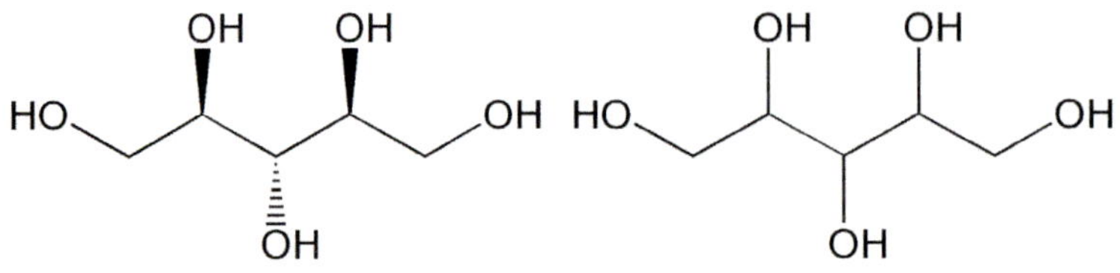

✽ Sinigrin

✽ Sorbitol

4. 관련논문

곽재혁, 권미향, 나경수 (1996) 냉이(*Capsella bursapastoris*)로부터 Superoxide Anion Radical 소거물질의 정제 및 이화학적 성질. 한국식품과학회지 28(1):184-189

최재수, 박시향, 김일성 (1989) 야생 식용식물의 약물대사 활성성분에 관한 연구. 한국생약학회지, 20(2):117-122

함승시, 이상영, 최면, 황보현주 (1999) 산채 및 해조분말을 첨가한 우리 밀 밀가루 열수추출물의 항 돌연변이성 및 암세포 성장 억제효과. 한국식품영양과학회지, 27(6):1177-1182

홍정일, 나경수, 양한철 (1994) 냉이(*Capsella bursapastoris*) 에탄올 추출물의 유리 라디칼 소거 및 항산화 활성. 한국식품영양학회지, 7(3):169-177

홍정일, 나경수, 성하진 (1995) 냉이(*Capsella bursapastoris*) 에탄을 추출물의 유리 라디칼 소거 및 Xathine Oxidase 저해활성. 한국농화학회지, 38(6):590-595

5. 관련특허

(주) 내츄로바이오텍 (2005) 항산화 활성을 가지는 식물유래 추출물, 10-0478136-0000

(주) 웰리네사람들, 남영균 (2006) 천연물을 이용한 순환계 질환, 면역계 질환, 염증성질환, 간질환, 내과계질환, 산,소아과계질환, 내분비계질환, 바이러스성질환, 각종 암질환의 예방 및 치료용 조성물, 10-2006-0044888

권두한, 윤도영, 송은영 (2002) 다닥냉이로부터 분리한 B형 간염바이러스 표면항원 생성억제 추출물 및 그 분리방법, 10-0351755-0000

한국식품연구원, 박주환 (2006) 항산화소재를 포함하는 정제 우유 및 이의 제조방법, 10-0649691-0000

다닥냉이

1. 명명

학 명 : *Lepidium apetalum Wild*

과 명 : 십자화과 (Brassicaceae, Cruciferae)

속 명 : 다닥냉이속 (Lepidium)

영 명 : Poor man's pepper

향 명 : 꽃다지, 코딱지나물, 두루냉이, 다락냉이

2. 특징

한국, 중국, 러시아, 몽고에 분포하며, 산비탈 메마른 땅에 서식한다. 한국에서 자라는 다닥냉이속 6종은 전부 북아메리카 또는 유럽에서 귀화한 식물이다. 비교적 저온에서도 잘 자라는 내한성이 강한 식물이며 토양도 크게 가리지 않는 편이나 햇빛이 잘 쬐이며 배수도 잘 되는 비옥한 토양인 사양토에서 생육이 양호하므로 이러한 조건을 갖춘 토양을 선택하도록 한다.

줄기는 곧게 서고 털이 없으며 위쪽에서 많은 가지가 갈라지고 높이가 60cm이다. 뿌리에서 나온 잎은 뭉쳐나고 방석 모양으로 퍼지며 잎자루가 길고 길이 3~5cm의 깃꼴겹잎이다. 줄기에서 나온 잎은 어긋나고 거꾸로 세운 바소 모양 또는 줄 모양이며 길이가 1.5~5cm, 폭이 2~10mm이고 가장자리에 톱니가 있으며 잎자루가 없지만 밑 부분이 밑으로 흘러 잎자루처럼 된다. 열매는 각과이고 끝이 오목하게 파진 원반 모양이며 지름이 3mm이다. 종자는 갈색의 작은 원반 모양이고 가장자리에 흰색의 막질(膜質:얇은 종이처럼 반투명한 것) 날개가 있다.

연한 잎과 뿌리를 끓이거나 데쳐서 먹는다.

✤ 효능

- 간장병, 신장병으로 한 복수 및 몸이 붓거나 배뇨가 곤란할 때 효능
- 소아의 백일해
- 이뇨, 거담, 평천, 준하, 하기의 효능
- 심장성 호흡곤란, 각종부종, 삼출성흉막염, 해수, 천식, 변비를 제어

3. 활성성분

✤ Sinigrin

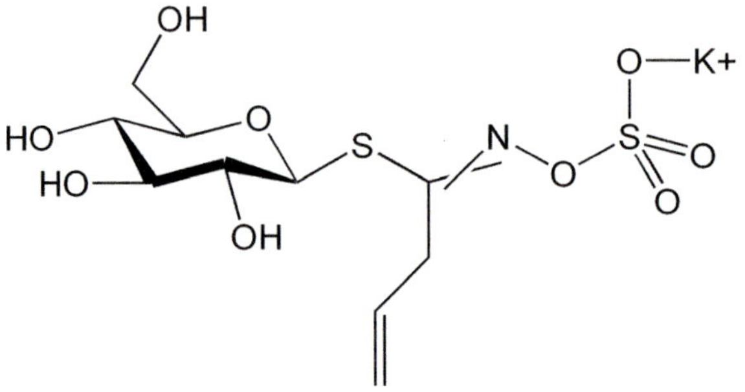

�֎ Sinalbin

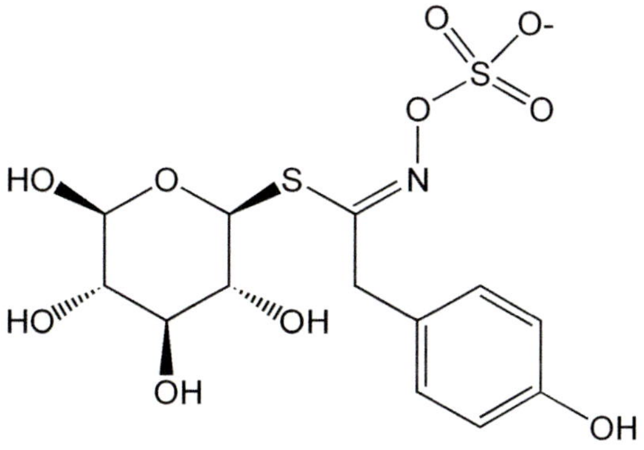

4. 관련논문

- 없음

5. 관련특허

권두한, 윤도영, 송은영 (2002) 다닥냉이로부터 분리한 B형 간염바이러스 표면항원 생성억제 추출물 및 그 분리방법, 10-0351755-0000

김양문, 김솔, 배미정 (2005) 장내 독소 제거 기능을 갖는 식물 복 발효 효소액 및 이를 사용한 기능성 음료, 10-0512323-0000

이영성, 권두한 (2002) 짚신나물로부터 분리한 B형 간염바이러스 표면항원 생성억제물질과 그 추출방법 및 용도, 10-0327762-0000

다래나무

1. 명명

학 명 : *Actinidia arguta PLANCH.*

과 명 : 다래나무과 (Actinidiaceae)

속 명 : 다래나무속 (Actinidia)

영 명 : Bower actinidia

향 명 : 조인삼, 참다래나무, 다래너출, 미추도

2. 특징

　깊은 산의 숲 속 등 양지, 음지 어느 곳에서도 잘 자라며 내한성이 강하여 추운 지방에서도 재배가 가능하다. 다래는 배수가 잘 되는 사질양토가 적지이다. 맹아력이 강하고 세근발달이 좋아 삽목증식을 한다. 6~7월에 신초지를 채취하여 눈이 2~3개 정도 달리게 하여 10cm정도로 잘라 삽목을 한다. 상토는 배수가 잘되는 마사토 등을 사용한다. 삽목 후 절단부위는 도포제인 발코트를 발라 고습도를 높게 유지시키면 80% 이상 발근이 된다. 발근된 묘목을 분이나 비닐 포트에 이식하여 1년 정도 키우면 정식할 수가 있다.

　덩굴 식물로 길이가 7m에 달하며, 줄기의 골속은 갈색이며 계단 모양이고 어린 가지에 잔털이 있으며 피목(皮目)이 뚜렷하다. 잎은 어긋나고 길이가 6~12cm, 폭이 3.5~7cm이며 넓은 달걀 모양이거나 넓은 타원 모양 또는 타원 모양이고 끝이 급하게 뾰족하고 밑 부분이 둥글다. 잎 앞면에는 털이 없고 뒷면 맥 위에 갈색 털이 났다가 없어진다. 잎 가장자리에는 가는 톱니가 있고, 잎자루는 길이가 3~8cm이고 누운 털이 있다. 꽃은 암수딴그루이고 5월에 흰색으로 피며 잎겨드랑이에 취산꽃차례를 이루며 3~10개가 달린다. 꽃받침조각은 5개이고 긴 타원 모양이며, 꽃잎은 5개이고 밑 부분이 갈색을 띤다. 수꽃에는 많은 수술이 있고, 암꽃에는 1개의 암술만이 있으며 암술 끝이 여러 갈래로 갈라진다.

　어린잎은 나물로 하고, 열매는 날 것으로 먹거나 과즙, 과실주, 잼 등을 만들어 먹는다.

✽ **효능**

- 마취작용, 신체보온, 복통, 강장, 요통, 중풍, 안면신경마비, 월경불순 등의 치료
- 식도암, 황달, 소화불량, 출혈의 치료에 효과
- DPPH 라디컬 소거능 활성능 및 NO생성 억제능 효과
- 항염증 효과

3. 활성성분

✠ Actinidine

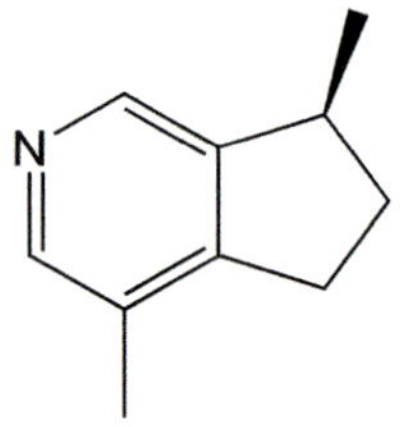

✠ Arabinogalactan

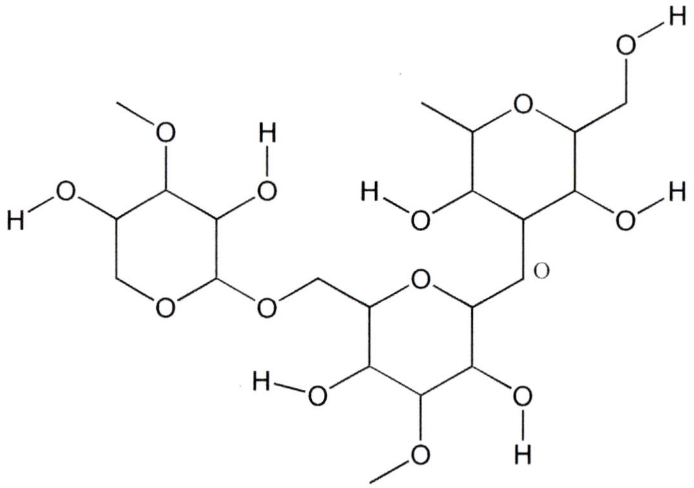

✠ Pectin

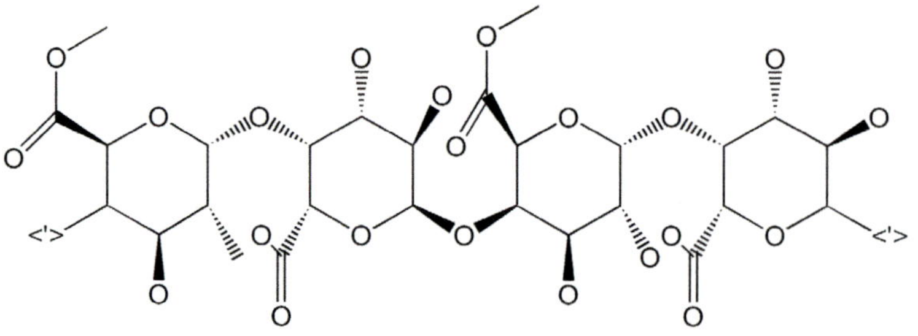

4. 관련논문

김성철, 김천환, 장기창, 송은영, 김공호, 정용환, 고석찬 (2002) 다래나무속 식물의 계통간 유연관계분석 및 계통 특이밴드 탐색을 위한 Primer 개발. 한국자원식물학회지, 15(1):33-33

유영법 (2006) 다래나무 추출물의 HIV-1 효소억제활성과 구조활성상관 (QSAR)예측. 대한본초학회지, 21(4):115-121

임현우, 심재걸, 최형균, 이민원 (2005) 국내산 다래나무 수피의 페놀성 화합물의 항산화 및 Nitric Oxide 생성 억제 활성. 한국생약학회지, 36(3):245-251

5. 관련특허

(주) 팬제노믹스 (2005) 다래 추출물을 함유하는 알러지성 질환 및 비알러지성염증 질환의 치료 및 예방을 위한 약학 조성물, 10-0511550-0000

(주) 팬제노믹스 (2005) 항알러지 및 항염증 활성을 갖는 다래 추출물을 함유하는 화장료 조성물, 10-0536857-0000

김봉철, 전미림, 박은진, 이화준, 정형진, 전향, 신상섭, 오진환, 김선영 (2006) 다래 추출물을 함유하는 알러지성 질환 및 비알러지성염증 질환의 예방 및 개선용 건강 기능 식품, 10-0615389-0000

달래

1. 명명

학 명 : *Allium monanthum MAXIM.*

과 명 : 백합과 (Liliaceae)

속 명 : 파속 (Allium)

영 명 : Wild rocambol, Wild chive, Wild garlic

향 명 : 소근채, 단화총, 애기달래, 들달래

2. 특징

한국, 중국, 일본 등지에 분포하는 여러해살이풀로 산과 들에 서식한다. 우리나라 어디에서나 재배가 가능하고 토양도 물빠짐이 좋은 땅이면 어느 곳이든 잘 자란다. 그러나 가능하면 배수가 잘 되고 기름진 땅에서 재배하는 것이 좋으며, 산도는 pH 6,5~6.8까지가 알맞다.

높이는 5~12cm이고 여러 개가 뭉쳐난다. 비늘줄기는 넓은 달걀 모양이고 길이가 6~10mm이며 겉 비늘이 두껍고 밑에는 수염뿌리가 있다. 잎은 1~2개이며 길이가 10~20cm, 폭이 3~8mm이고 줄 모양 또는 넓은 줄 모양이며 9~13개의 맥이 있고 밑 부분이 잎집을 이룬다. 꽃은 4월에 흰색 또는 붉은빛이 도는 흰색으로 피고 잎 사이에서 나온 1개의 꽃줄기 끝에 1~2개가 달린다. 포는 막질(膜質:얇은 종이처럼 반투명한 것)이며 달걀 모양이고 길이가 6~7mm이며 갈라지지 않는다. 꽃잎은 6개이고 긴 타원 모양 또는 좁은 달걀 모양이며 수술보다 길거나 같고 끝이 둔하다. 수술은 6개이고 밑부분이 넓으며 꽃밥은 보라색이다. 암술은 1개이고 암술머리는 3개로 갈라진다. 열매는 삭과로 작고 둥글다.

식용하는 부위는 땅속의 비늘줄기와 잎인데 잎과 알뿌리 날것을 무침으로 먹거나 부침 재료로도 이용한다. 달래 술을 담그기도 한다. 마늘의 매운맛 성분인 알리신이 들어 있어 맛이 맵다.

효능

- 불면증 치료, 강장, 건위, 보혈 등에 효능
- 위염, 보혈, 타박상, 기침, 백일해, 기관지염, 거담 등의 치료제
- 동맥경화, 빈혈 등의 치료제 및 살균과 지혈효과
- 혈청 HDL 콜레스테롤과 인지질 함량 증가활성

3. 활성성분

✠ Quercetin

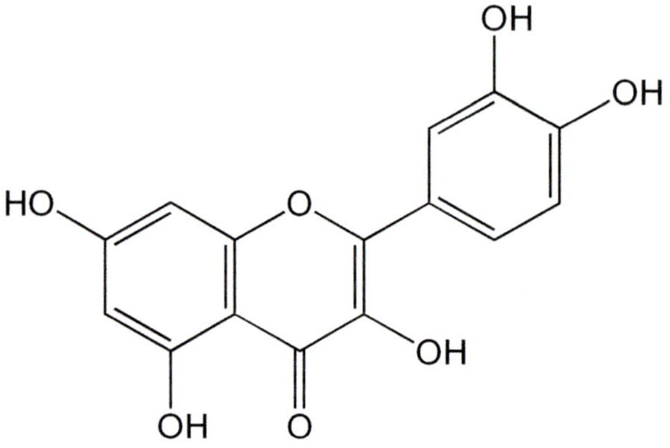

4. 관련논문

안은미, 장태오, 백남인 (2000) 식물자원으로부터 활성물질의 탐색 3. 달래로부터 flavonoid 배당체의 분리. 한국응용생명화학회지, 43(4):314-316

최진영, 이인실, 김송전 (1992) 달래가 콜레스테롤을 투여한 흰쥐의 혈청 성분에 미치는 영향. 한국유화학회지, 9(1):73-79

5. 관련특허

(주) 보령메디앙스, (주) 바이오랜드 (2008) 오신채 추출물을 함유하는 화장료 조성물, 10-0877669-0000

덩굴닭의장풀

1. 명명

학 명 : *Streptolirion volubile Edgew.*
과 명 : 닭의장풀과 (Commelinaceae)
속 명 : 덩굴닭의장풀속 (Streptolirion)
영 명 : Day flower
향 명 : 덩굴달개비

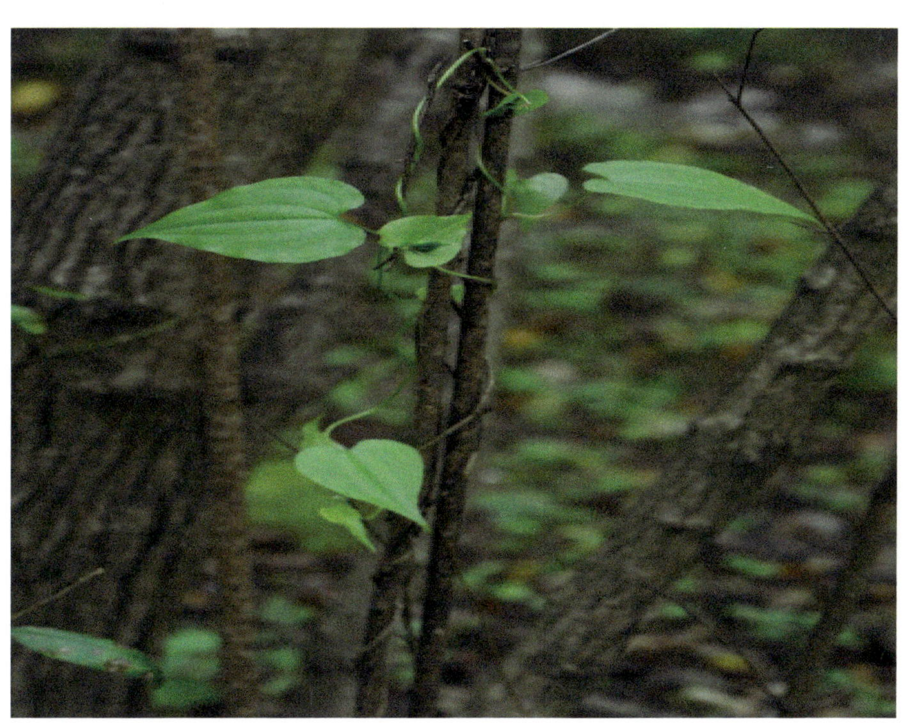

2. 특징

경북, 강원, 경기, 평북, 함남, 함북에 분포하며, 산기슭의 습기 있는 곳에 서식한다.

줄기는 뭉쳐나고 가지를 치며 연하다. 길이는 80cm 정도이며 잎은 어긋나고 긴 잎자루가 있고 표면에 털이 있다. 잎 밑부분은 심장 밑 모양인데 끝은 매우 날카롭고 가장자리는 밋밋하다. 잎자루의 밑부분은 길이 1~2cm의 잎 집이 되고 그 가장자리에 털이 있다. 7~8월에 흰색 꽃이 가지 끝과 줄기 끝에 2~3개씩 피는데 지름이 5~6mm이다. 꽃받침은 1~3맥이 있고 길이 4mm정도이며 수술대에 꼬불꼬불한 털이 있다. 열매는 길이 8~11mm인 삭과로 3개의 능선(稜線)이 있고 타원형이며 털이 없다. 종자는 2~6개씩 들어 있으며 겉에는 잔 돌기가 있다.

어린 줄기와 잎은 식용한다.

효능

- 당뇨병에 효능
- 해열 및 이뇨작용

3. 활성성분

✠ delphinidin-3-glucoside

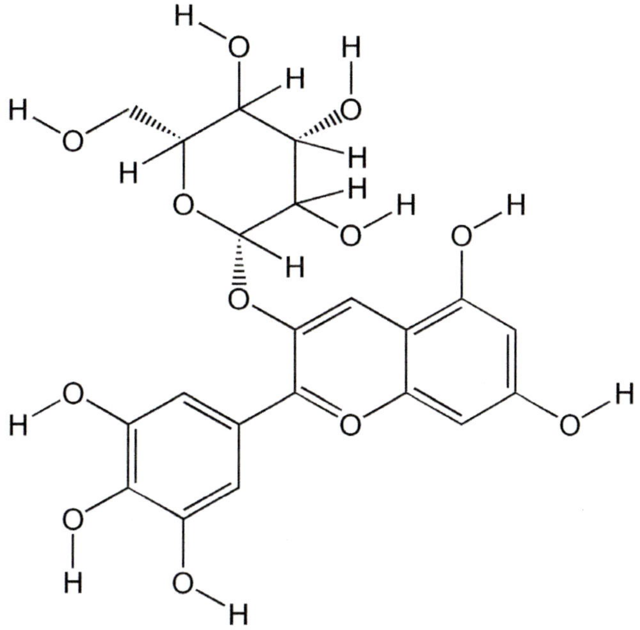

4. 관련논문

- 없음

5. 관련특허

김상윤 (2009) 천연 산야초 발효 흑마늘, 그 제조방법 및 그것을 포함하는 건강식품, 10-0895110-0000

강창환, 변국연 (2002) 장 청소 및 변비 해소 기능의 야채 효소 음료 조성물, 10-0336649-0000

도라지

1. 명명

학 명 : *Platycodon grandiflorum (JACQ.) A.DC.*

과 명 : 초롱꽃과 (Campanuaceae)

속 명 : 도라지속 (Platycodon)

영 명 : Ballon flower

향 명 : 명엽채, 도랍기, 경초, 길경채, 산도라지, 백약, 대약

2. 특징

한국, 일본, 중국 등지에 분포하며, 산과 들에서 자란다. 햇빛이 잘 드는 곳으로 물빠짐이 좋고 땅이 거름지며 모래가 약간 섞인 참흙에서 잘 자란다. 그러나 거친모래나 자갈이 많은 토양, 가뭄이 잘 타는 토양에서는 잔뿌리가 많이 발생한다.

뿌리는 굵으며 원줄기를 자르면 흰 즙액이 나온다. 잎은 어긋나고 잎자루가 없으나 긴 난형 또는 넓은 피침형으로 끝이 뾰족 하나 밑 부분이 둥글거나 날카로우며, 표면은 녹색이나 뒷면은 회청색으로 가장자리에 예리한 톱니가 있다. 꽃은 7~8월 원줄기 끝에서 하늘색 또는 백색으로 1개 또는 여러개가 위를 향해 달린다. 꽃받침은 5개로 갈라지나 열편은 삼각상의 피침형이나, 화관은 끝이 퍼진 종 모양으로 끝이 5개로 갈라져 5개의 수술과 1개의 암술이 있으며 자방은 5실이나 끝이 5개로 갈라진다. 열매는 도란형의 삭과로써 꽃받침 열편이 달려 있으나 익으면 5개로 갈라진다.

✠ 효능

- 거담, 진해, 해열, 천식, 폐병, 배농 등에도 효과
- 편도선염, 복통, 지혈, 해수, 늑막염, 인통, 거담, 천식 등에 효능

3. 활성성분

✠ Inulin

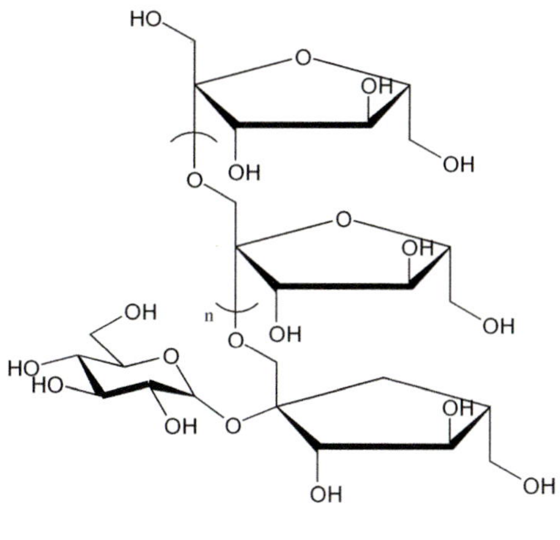

4. 관련논문

강보영, 김미향, 배송자 (2002) DLPC Liposomes에 미치는 도라지 추출성분의 비타민 C 첨가에 의한 항산화력 상승효과. 한국식품영양과학회지, 31(3):506-510

김수현, 현진, 오현택, 정미자, 최승필, 함승시 (2008) 인간 HepG2 세포에서 더덕 및 도라지 에틸아세테이트 분획물의 항산화 효과에 의한 세포보호 효과. 한국식품과학회지, 40(6):696-101

김희진, 박숙경, 김보영, 홍슬기, 조성기, 김동욱 (2008) 도라지 추출물로부터 천연 계면활성제의 개발. 한국화학공학회지, 46(2):227-237

손미예, 서종권, 김행자, 성낙주 (2001) 장생도라지 추출물의 돌연변이 억제효과. 한국식품과학회지, 33(6):651-655

윤종선, 박재성, 김익환, 홍의연, 윤태, 이철희, 정재훈, 양덕춘 (2007) Agrobacterium을 이용한 Phosphinothricin Acetyl Transferase의 도라지로의 형질전환. 한국약용작물학회지, 15(4):285-290

이인순, 최명철, 문혜연 (2000) 도라지(*Platycodon grandiflorum A. DC.*)추출액에 따른 기관지 질환 세균에 미치는 효과. 한국생물공학회지, 15(2):162-166

황우익, 임승택, 임승택, 이지영 (1998) 도라지 (*Platycodon grandiflorum A. DC.*) 추출 성분의 암세포 증식 억제효과. 한국식품과학회지, 30(1):13-21

5. 관련특허

이성호, 이영춘 (2005) 한약재 찌꺼기를 이용한 사포닌 함량이 증가된 장생도라지재
배법, 10-0475428-0000

이성호, 정혜광, 이영춘, 정영철, 이경진, 최철웅, 서종권, 조영수, 이영우, 노성환
(2005) 장생도라지 추출물을 유효성분으로 포함하는 간장의 항섬유화제,
10-0513125-0000

이성호, 정혜광, 이영춘, 정영철, 이경진, 최철웅, 서종권, 조영수, 이영우, 노성환
(2005) 장생도라지 추출물을 포함하는 한방약침용 주사액의 제조방법 및 그
제조방법에 의해 제조된 한방약침용 주사액, 10-0526012-0000

정영철, 노종수, 서종권, 노성환 (1998) 장생도라지 추출물을 포함하는 암치료용 한
방제제, 10-0315002-0000

정영철, 노종수, 서종권, 노성환 (2001) 장생도라지 추출물을 포함하는 항균성 및 염
증성질환 치료용 한방제제, 10-0315000 0000

정혜광 (2006) 장생도라지 추출물을 유효성분으로 함유하는 기관지질환의억제 및
치료용 약학적 조성물, 10-0643878-0000

정혜광 (2006) 장생도라지 추출물을 유효성분으로 함유하는 알코올성간질환의 억
제, 치료용 약학적 조성물 및 알코올대사촉진용 조성물, 10-0643877-0000

정혜광 (2006) 혈관신생 억제 효과를 갖는 장생도라지 추출물, 10-0550465-0000

돌나물

1. 명명

학 명 : *Sedum sarmentosum BUNGE.*

과 명 : 돌나물과 (Crassulaceae)

속 명 : 꿩의비름속 (Sedum)

영 명 : Stonecrop

향 명 : 돈나물, 돋나물

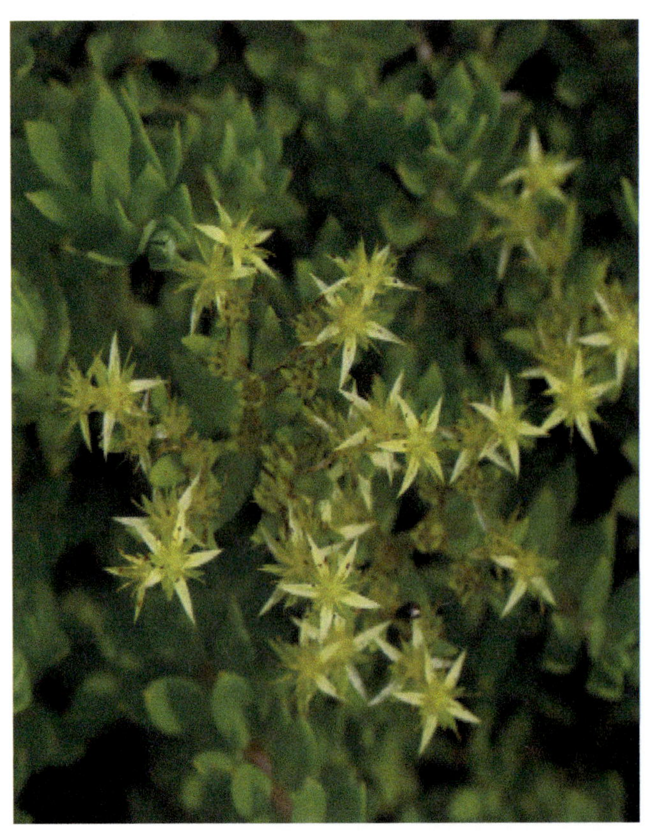

2. 특징

전세계에 약 350종이 있으며 우리나라에는 약 19종이 분포되어 있다. 논, 밭 등 농경지의 주변, 들, 도시근교, 온천장의 돌담, 황무지, 언덕, 습지, 음습지의 바위 위, 숲가, 산, 산골짜기, 산기슭, 산기슭의 초지, 산기슭의 경사지 바위 위, 시골 돌담장, 축축한 냇가 또는 산 표면의 경사면이나 암석 및 콘크리트로 만든 둑방 등에 나는 다년초이다.

토양은 보습성과 통기성이 적당한 사질 양토나 배수성이 좋은 점질 양토를 쓰는 것이 좋다. 장소는 약간 습기가 있는 곳이 좋으며 온도는 18~25℃ 정도가 적당하다. 이 식물은 반그늘 조건에서도 잘 자라고 강한 광선에서도 재배가 무난하다. 비료를 사용할 때에 질소를 과용하면 웃자라게 되어 썩음병 증세를 나타내기도 한다.

줄기는 옆으로 뻗으며 각 마디에서 뿌리가 나온다. 꽃줄기는 곧게 서고 높이는 15cm 정도이다. 잎은 보통 3개씩 돌려나고 잎자루가 없으며 긴 타원형 또는 바소꼴이다. 잎 양끝이 뾰족하고 가장자리는 밋밋하다. 꽃은 황색으로 8~9월에 피며 취산꽃차례를 줄기 끝에 이루고 지름 6~10mm이다. 5개의 꽃잎은 바소꼴로 끝이 뾰족하고 꽃받침보다 길다. 꽃받침조각은 5개인데 타원상 바소꼴로 끝이 뭉뚝하다. 수술은 10개이며 꽃잎과 거의 같은 길이이다. 열매는 골돌과(利咨果)이고 5개의 심피(心皮)가 있다. 줄기를 잘라 땅에 꽂아 두면 잘 자란다.

식용, 약용, 조경 소재 및 허브 가든에 쓰인다. 식용으로는 생으로 무침이나 물김치를 만들 수 있으며 샐러드 등에 넣어도 모양과 풍미가 좋다. 돌나물 생것을 소금에 약하게 절였다가 양념을 하여 먹게 되면 입맛을 돋우어 준다.

�֍ 효능

- 비장세포 증식능 및 증강효과, 항체생성 증가 효과
- 항산화 활성

3. 활성성분

✻ Labdane

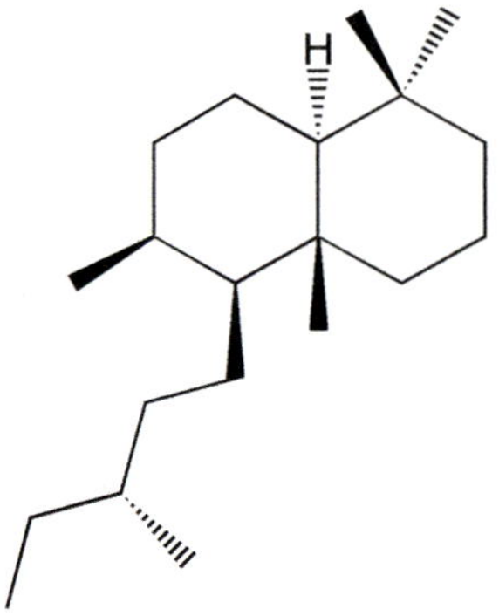

✻ Sarmentosin

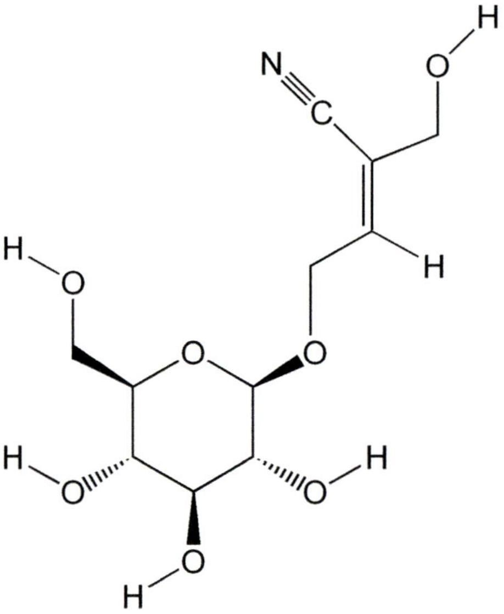

4. 관련논문

김미향 (2003) 돌나물이 난소를 절제한 흰쥐 결합조직 중의 Collagen 함량변화에 미치는 영향. 한국식품영양과학회지, 32(7):1114-1119

김원희, 배송자, 김미향 (2002) 돌나물이 난소 절제한 흰쥐의 혈 중 지질 함량에 미치는 영향. 한국식품영양과학회지, 31(2):290-294

김효진, 이승엽 (2007) 돌나물 수집종의 비타민 C 함량 및 항산화 활성 비교. 한국생물환경조절학회지, 17(2):110-115

류혜숙, 김현숙 (2008) 솔잎, 돌나물, 톳, 메밀, 깻잎 등 5가지 혼합 열수 추출물의 면역 활성 효과. 한국식품영양학회지, 21(3):269-274

모은경, 김현호, 김승미, 조현호, 성창근 (2007) 나물 즙을 첨가한 젤라틴 젤리의 제조 및 품질특성. 한국식품과학회지, 39(6):619-624

박윤자, 김미향, 배송자 (2002) 도라지 추출물 첨가에 의한 돌나물의 항발암 상승효과. 한국식품영양과학회지, 31(1):136-142

심관섭, 김진화, 이범천, 이동환, 이근수, 표형배 (2008) B16 Melanoma 세포에서 돌나물 추출물의 멜라닌 생성 저해 효과. 한국약학회지, 52(3):165-171

오세인, 이미숙 (2003) 한국인 상용채소 7종의 항산화능 및 항돌연변이능 검색. 한국식품영양과학회지, 32(8):1344-1350

최재수, 박시향, 김일성 (1989) 야생 식용식물의 약물대사 활성성분에 관한 연구. 한국생약학회지, 20(2):117-122

5. 관련특허

이호섭 (2006) 돌나물 추출물로부터 분리한 플라보노이드 화합물들을 포함하는 고혈압의 예방 및 치료용 약학조성물, 10-0642151-0000

(주) 한불화장품 (2005) 돌나물 추출물을 주요 활성성분으로 함유하는 피부외용제조성물, 10-2005-0075979

돌단풍

1. 명명

학 명 : *Mukdenia rossii (Oliv.) Koidz.*

과 명 : 범의귀과 (Saxifragaceae)

속 명 : 돌단풍속 (Mukdenia)

영 명 : Rose mukdenia

향 명 : 축엽초, 돌나리, 장장포,

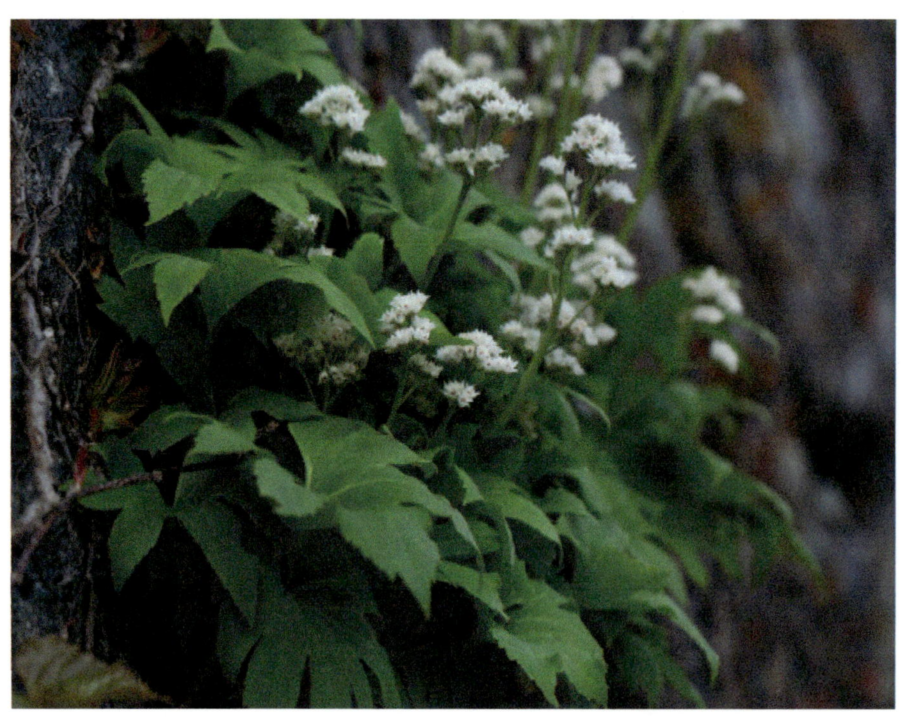

2. 특징

한국, 만주에 분포하며, 중남부, 북부 지방의 깊은 산골 물가의 바위틈에 자생한다. 비옥한 배양토에 물을 충분히 주면 매우 큰 대형이 되고 얕은 화분에 적은 배양토로 가꾸면 "소품분재"의 콤팩트같은 아담한 정취를 즐길 수 있다. 반그늘을 좋아하며 비료 과다에도 강하지만 분갈이를 게을리하면 허약해지기 쉽다.

뿌리줄기는 굵고 줄기는 가로 뻗고 살이 졌으며 짧고 비늘조각 모양의 막질(膜質:얇은 종이처럼 반투명한 것)로 된 포(苞)가 붙으며 꽃줄기는 곧게 선다. 높이는 30cm 정도이며 잎은 모여나고 잎자루가 길며 손바닥 모양이고 5~7개로 깊게 갈라진다. 잎 양면에 털은 없고 윤이 나며 톱니가 있다. 꽃은 보통 백색이고 엷은 홍색이며 5월에 핀다. 원뿔형의 취산꽃차례를 이루며 꽃대가 짧다. 꽃받침조각은 6개이고 긴 달걀모양이며 끝이 뾰족하다. 화관(花冠)은 지름 1.2~1.5cm이고 꽃잎은 5~6개이며 달걀모양 바소꼴로 끝이 날카롭고 꽃받침조각보다 짧으며 꽃이 필 때 꽃받침과 함께 뒤로 젖혀진다. 수술은 6개이고 꽃잎보다 조금 짧다. 삭과(蒴果)는 달걀모양이다.

봄철에는 연한잎을 나물로 해서 먹는다. 잎이 단풍잎을 닮아 아름답기 때문에 화단에서 관상용으로 가꾸거나 재배를 하기도 한다. 최근에는 원예종 돌단풍이 개발되어 잎에 여러 가지 무늬가 들어간 아름다운 돌단풍을 감상해 볼 수도 있다.

✤ **효능**
- 강심작용 및 이뇨작용
- 항암효과

3. 활성성분

✤ Quercetin

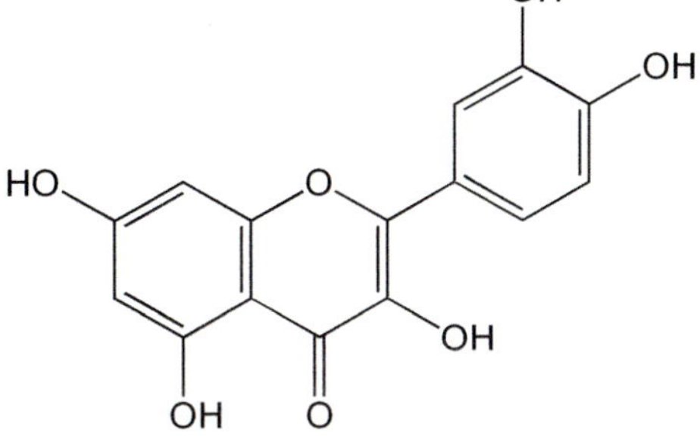

✽ Rutin

4. 관련논문

안은미, 한재택, 권병목, 김성훈, 백남인 (2008) 돌단풍에서 분리한 플라보노이드의
항암활성. 한국응용생명화학회지, 51(4):309-315

한재택, 방면호, 전옥경, 김대옥, 이창용, 백남인 (2004) 돌단풍 (*Aceriphyllum
rossii*) 지상부에서 얻은 플라보놀배당체와 그 항산화 활성. 대한약학회지,
27(4):390-395

5. 관련특허

이철호, 이정희, 허철성 (2008) 돌단풍을 이용한 β-세크레타제 활성 저해 조성물,
10-0859096-0000

한국생명공학연구원 (2008) 돌단풍 추출물 또는 이로부터 분리된 트리테르펜 화합
물을 포함하는 대사성 질환의 예방 또는 치료용 약학 조성물, 10-2008-
0002433

한국생명공학연구원 (2008) 돌단풍 추출물 및 이로부터 분리된 활성성분을 포함하
는 항균용 약학 조성물, 10-2008-0031345

두릅나무

1. 명명

학 명 : *Aralia elata (Miq.) SEEMANN.*

과 명 : 두릅나무과 (Araliaceae)

속 명 : 두릅나무속 (Aralia)

영 명 : Korcan angeloca tree

향 명 : 목두채, 총목두릅, 참두릅

2. 특징

　한국, 일본, 사할린, 중국, 만주 등지에 분포한다. 산기슭의 양지쪽이나 골짜기에 자생한다. 산기슭의 양지쪽이나 골짜기에서 자란다. 토질은 크게 가리지 않으며 척박한 곳에서도 비교적 잘 견디지만, 그늘진 곳에서는 자라지 못한다. 번식은 실생과 근삽에 의하는데 뿌리가 얕게 뻗어 채취하기 쉬운데다 발아가 잘 되므로 주로 근삽이 많이 이용된다. 실생 번식법은 가을에 익은 열매를 채취하여 종자를 발라내어 모래 속에 묻어 두었다가 이듬 해 봄에 파종한다. 파종 후 관리는 일반적인 육묘 방식을 따르는데 성장이 빠른 편이다. 근삽은 이른 봄에 연필 굵기 전후의 뿌리를 캐어 10-15cm 정도의 길이로 잘라 심어 부정아가 자라게 하는 것으로 근삽의 발아율은 아주 좋은 편이다. 일단 두릅 묘상이 만들어지면 이것을 굴취하면서 절단된 뿌리를 이용하여 많은 근삽묘를 양성할 수 있다. 근삽묘의 관리도 실생묘와 별로 다를 바가 없다. 두릅나무에 크게 피해를 입히는 병해충은 거의 알려진 게 없다.

　높이는 3~4m이고 줄기는 그리 갈라지지 않으며 억센 가시가 많다. 잎은 어긋나고 길이 40~100cm로 홀수 2회 깃꼴겹잎(奇數二回羽狀複葉)이며 잎자루와 작은잎에 가시가 있다. 작은잎은 넓은 달걀모양 또는 타원상 달걀모양으로 끝이 뾰족하고 밑은 둥글다. 잎 길이는 5~12cm, 나비 2~7cm로 큰 톱니가 있고 앞면은 녹색이며 뒷면은 회색이다. 8~9월에 가지 끝에 길이 30~45cm의 산형꽃차례[傘形花序]를 이루고 백색 꽃이 핀다. 꽃은 양성(兩性)이거나 수꽃이 섞여 있으며 지름 3mm 정도이다. 꽃잎, 수술, 암술대는 모두 5개이며, 씨방은 하위(下位)이다. 열매는 핵과(核果)로 둥글고 10월에 검게 익으며, 종자는 뒷면에 좁쌀 같은 돌기가 약간 있다.

　살짝 데쳐서 초고추장에 무치거나 찍어 먹는다. 데친 나물을 쇠고기와 함께 꿰어 두릅적을 만들거나 김치, 튀김, 샐러드로 만들어 먹는다.

✤ 효능

- 혈당강화 및 당뇨병 효과
- 해열, 강장, 건위, 이뇨, 진통, 수렴, 거풍, 거담, 강정 등의 효능
- 신장염, 각기, 수종, 당뇨, 신경쇠약, 관절염 등의 치료에 이용
- 지질 과산화물 억제 및 위염 및 위궤양 보호 효과

3. 활성성분

✤ Apiin

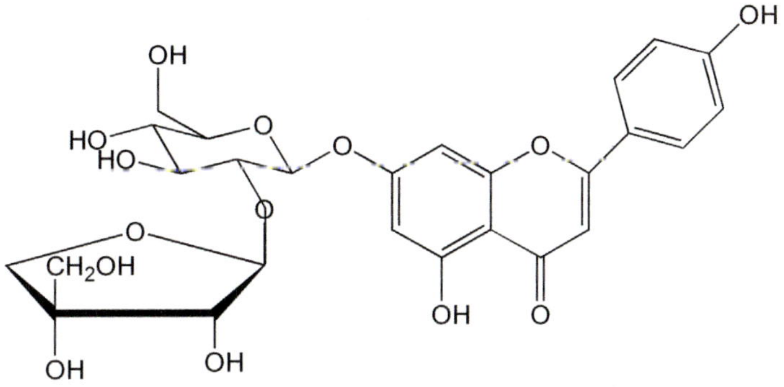

✤ Hederagenin

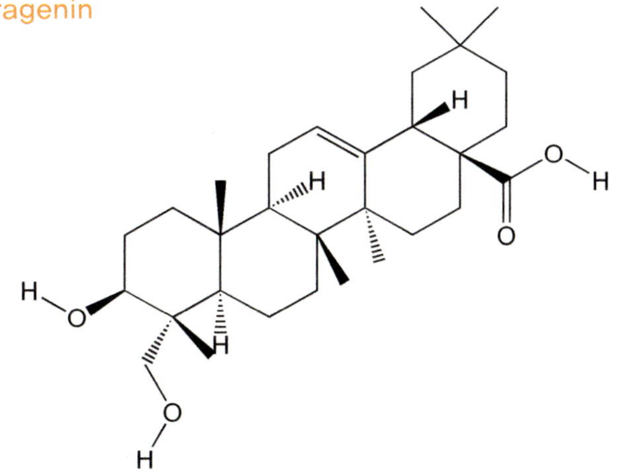

✽ Prangolarin

✽ Saponin

4. 관련 논문

Makoto Tomatsu, Mayumi Ohnishi-Kameyama, Norio Shibamoto (2003) Aralin, a new cytotoxic protein from Araliaelata, inducing apoptosis in human cancer cells. Cancer Letters, 199:19-25

강삼식, 김주선, 김옥경, 이은방 (1993) 두릅나무 근피의 트라이터페노이드 사포닌, 대한약학회지, 16(2):104-108

김영희, 임정교, (1999) 두릅추출물이 정상 쥐 및 당뇨 쥐에 미치는 영향. 한국식품영양과학회지, 28(4):912-916

마승진, 국주희, 고병섭, 박근형 (1995) 두릅수피에서 항미생물 활성을 갖는 3,4-Dihydroxycinnamic Acid의 분리. 한국식품과학회지, 28(3):600-603

박철호, 이윤수, 장한호, 김남수, 신영범 (1994) 두릅나무 체세포배의 발아에 미치는 배지 및 식물생장조절제의 영향. 한국약용작물학회지, 2(3):241-245

서보권, 정연봉, 김용규, 신옥진, 이종철 (1993) 두릅나무 부탄올 추출물이 지질 과산화에 미치는 영향. 대한약학회지, 37(3):270-277

서소영, 김해리 (1997) Streptozotocin으로 당뇨를 유도한 생쥐의 간과 췌장에서 황백피와 두릅나무 추출물이 지질과산화물 생성과 글루타티온 의존성 효소의 활성에 미치는 효과. 한국식품영양과학회지, 26(4):689-696

신경희 (2006) 두릅나무과 식물이 Streptozotocin으로 유발한 당뇨 흰쥐의 혈장과 간조직 중의 지질농도에 미치는 영향. 한국식품영양과학회지, 35(9):1172-1177

신경희 (2006) 두릅나무과 열수추출물이 당뇨흰쥐의 혈당과 혈액 성분에 미치는 영향. 한국영양학회지, 39(8):721-727

이은방, 김옥경 (1993) 두릅나무 근피의 혈당강하 성분에 관한 연구(I)-MeOH엑기스 및 분획물의 혈당강하작용. 한국생약학회지, 24(3):213-218

이은방, 정준식 (1993) 두릅나무 근피 추출물의 약물학적 연구 -흰쥐의 위염 및 위궤양에 대한 효과. 한국약학회지, 37(6):581-590

5. 관련 특허

강삼식, 이은방 (1993) 두릅나무 근피추출물에서혈당강하 작용이 있는 유효성분의분리 및 그 효과, 10-1993001-1997

고이노 타다시 (2008) 담자균류 및 두릅나무과 추출물의 생리학적 활성 조성물, 10-0814351-0000

이영재, (주) 싸이제닉, 류기중 (2005) 두릅나무 추출물을 포함하는 혈압 강하용 조성물, 10-0469662-0000

한영복, (주) 파마킹 (1998) 두릅나무와 황백피의 혼합추출물을 함유하는 항고혈당조성물, 10-0160833-0000

두메부추

1. 명명

학 명 : *Allium senescens L. var. senescens*

과 명 : 백합과 (Liliaceae)

속 명 : 파속 (Allium)

영 명 : German garlic

향 명 : 산구, 메부추, 두메달래, 설병파

2. 특징

한국, 만주, 아무르, 우수리, 몽고, 시베리아, 유럽에 분포하며, 경상북도(울릉도), 함경북도(백두산, 관모봉) 등지의 햇볕이 잘 드는 양지 바위틈의 배수성이 좋은 토양에 자생하며, 주로 산에서 자란다. 10월경에 종자를 채파하면 이듬해 봄에 발아한다. 겨울동안 종자를 건조한 상태로 저온조건에 저장한 후 봄에 파종하여도 되나 종자수명은 짧다. 발아한 어린 묘는 8~9월에 적절히 이식해준다. 식재된 1개의 구근은 1년 후면 10개 이상으로 증식되므로 분구에 의해서도 쉽게 번식시킬 수 있다.

높이는 20~30cm이며 비늘줄기는 달걀 모양 타원형으로 지름 3cm 정도이고 외피(外皮)가 얇은 막질(膜質)이며 섬유가 없다. 잎은 뿌리에서 많이 나오며 길이 20~30cm, 나비 2~9mm이다. 꽃은 산형꽃차례를 이루고 8~9월에 엷은 홍자색으로 피는데, 꽃자루의 높이는 20~35cm로서 많은 꽃이 뭉쳐 핀다. 꽃이삭은 지름 3cm 정도이고 작은 꽃자루는 길이 1cm로서 회색빛을 띤 파란색이며 세로로 날개가 있다. 화피갈래조각은 6개이고 달걀 모양 바소꼴이며 길이 5mm, 나비 3mm정도이다. 수술대는 밑 부분이 넓지만 톱니가 없고 수술은 꽃잎보다 길거나 비슷하다. 열매는 삭과로 공 모양이며 종자는 검다.

연한 잎과 뿌리를 식용한다.

✽ 효능

- 강장, 건위에 효과
- 구충, 이뇨, 강장, 곽란, 해독 등에 약재로 사용

3. 활성성분

✠ Saponin

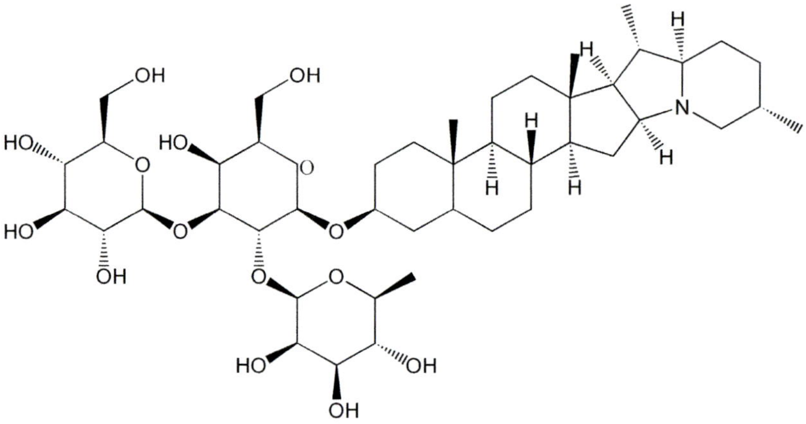

4. 관련논문

임태수, 호연인, 도정룡, 김현구 (2006) 호부추와 실부추 추출물의 생리활성 효과. 한국식품영양과학회지, 35(3):301-306

5. 관련특허

- 없음

둥굴레

1. 명명

학 명 : *Polygonatum odoratum pluriflorum (Miq) OHWI.*
과 명 : 백합과 (Liliaceae)
속 명 : 둥굴레속 (Polygonatum)
영 명 : Korean solomon's-seal
향 명 : 편황정, 옥죽, 수위, 황정, 선인반, 죽대, 괴물꽃

2. 특징

　한국, 일본, 중국 등지에 분포하며, 전국의 산야지 그늘이나 고산의 초원지에 자란다. 본 수종은 종자에 의한 번식이 가능하지만 결실 종자의 수량이 적고(새 순 당 3~5개) 발아율도 낮을 뿐 아니라 파종 2년차에 발아되는 생리적인 휴면 성으로 번식은 종자보다는 지하경에 의한 방법이 유리하다. 지하경에 의한 증식 및 재배는 자생지의 산림내에서 지하경을 굴취하여 그 중에서 새 눈이 붙어 있는 부분을 8~10cm 길이로 절단, 나무재에 혼합하여 재배지인 포지나 산지의 밤나무림내 유효공간에 5cm 깊이로 식재하는 것이 가장 좋다.

　초고는 30~60cm 내외에 이르며 줄기는 직립하지 않고 포물선형으로 뻗고 외대이다. 잎은 줄기의 중앙부터 위쪽에 호생(互生)하며 잎자루는 없고 잎몸은 혁질(革質)에 가까워 뻣뻣하고 길이는 6~12cm, 너비는 3~6cm이고 항용 타원형이나 때로는 장타원형일 때도 있다. 줄기와 잎의 모양이 아주 청초(淸楚)해서 인상 깊고, 꽃은 흰색에 가깝고 그 끝부분은 녹색이 짙고 액출(腋出)한다. 5월~6월에 꽃이 피는데 화기는 위도나 표고(標高)에 따라 일정치 않으나 저지대의 따뜻한 곳에서는 4월말에서 5월초에 피기도 한다. 꽃의 모양은 통상종형(筒狀鐘形)이고 꽃의 길이는 1.5cm 내외이다.

　새순을 나물로 이용하고자 할 때는 새순이 10cm내외로 자란 4월 중, 하순경 채취하여 뜨거운 물에 살짝 데쳐 맑은 물로 씻은 다음 나물로 이용하고, 말린 것은 튀김으로 이용하면 신선하고 독특한 향이 있어 좋다. 특히 차나 음료로 이용하고자 할 때는 수증기에 찐 후 말린 지하경을 볶아서 이용하면 생뿌리를 말려 볶은 것 보다 구수한 맛이 훨씬 좋다.

�֍ 효능
- 신경쇠약, 허리와 다리 통증해소에 효과
- 근경 자양강장, 강심, 당뇨 등에 효과
- 신진대사 촉진과 항산화작용 효과

3. 활성성분

✠ Convalloside

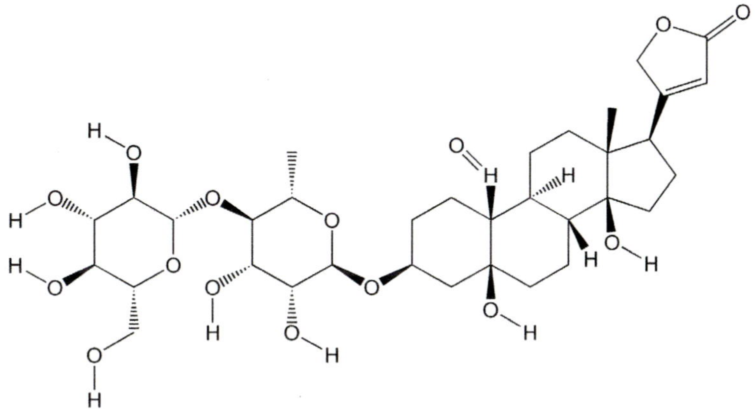

✠ Quercitol

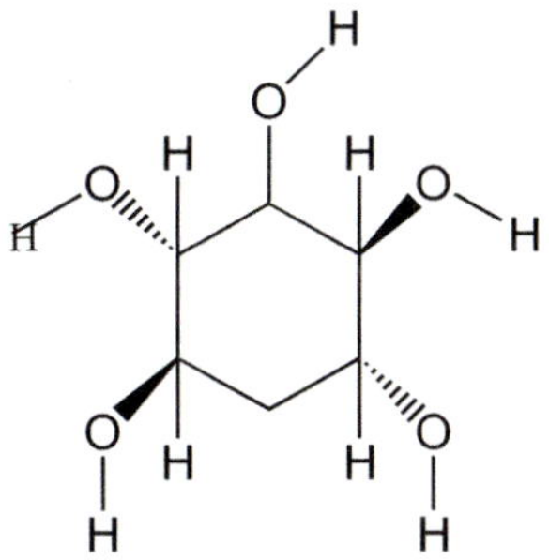

4. 관련논문

김경태, 김정옥, 이기동 김정숙, 권중호 (2005) 둥굴레차의 혈당강하 성분을 극대화 시킬 수 있는 증자 및 볶음조건의 최적화, 한국식품영양과학회지. 34(4):549-556

김경태, 김정옥, 이기동, 권중호 (2005) 둥굴레 근경의 증자 및 볶음조건에 따른 추출물의 항산화성 및 아질산염 소거능 변화, 한국식품저장유통학회지. 12(2):166-172

김주향, 양기숙 (2002) 둥굴레 추출물 및 분획의 과산화지질 생성 저해효과. 한국약
　　학회지, 46(4):242-246

김주향, 양기숙 (2002) 둥굴레의 승홍으로 유도된 흰쥐 신부전에 미치는 영향. 한국
　　생약학회지, 33(3):200-206

박선민, 안승희, 최미경, 최수란, 최수봉 (2001) 90% 췌장 절제 백서에서 둥굴레뿌리
　　의 물추출물이 인슐린 저항성에 미치는 영향. 한국식품과학회지, 33(5):619-
　　625

임숙자, 김계진 (1995) 둥굴레(*Polygonatum Odoratum var. Pluriflorum Ohwi*)
　　추출물의 당뇨 유발 흰쥐에 대한 혈당강화 효과. 한국영양학회지,
　　28(8):727-736

임숙자, 김수연, 이주원 (1995) 한국산 야생식용식물이 당뇨유발 흰쥐의 혈당 및 간
　　과 근육내 에너지원 조성에 미치는 영향. 한국영양학회지, 28(7):585-594

임숙자, 김영신 (1998) 둥굴레(*Polygonatum odoratum*)분획물과 비타민 E 투여가
　　Streptozotocin 유발 당뇨 흰쥐의 혈당과 지질과산화에 미치는 영향. 한국영
　　양학회지, 31(9):1385-1393

임숙자, 김평자 (1997) 둥굴레(*Polygonatum odoratum*) 섭취가 인슐린비의 존형당
　　뇨병(NIDDM) 환자의 혈당과 혈압에 미치는 영향. 한국식품조리과학회지,
　　13(1):47-55

임숙자, 박혜진 (2000) 둥굴레 분획물과 Selenium 이 Streptozotocin 유발 당뇨 흰
　　쥐의 혈당수준과 지질과산화에 미치는 영향. 한국영양학회지, 33(7):703-711

최현주, 김양언 (2003) 둥굴레 섭취가 Streptozotocin 유발 당뇨병 쥐의 In vivo 인
　　슐린 작용에 미치는 영향. 한국영양학회지, 36(3):239-244

5. 관련특허

신동수, 최명숙 (2004) 둥굴레 추출물과 그를 함유한 혈장 지질 및 혈당 강하용조성
　　물, 10-0416650-0000

윤창권 (2008) 생약세정용 조성물, 10-0851410-0000

이승도, 이승은 (2007) 숙취예방 및 해소를 위한 식품조성물, 10-0751047-0000

등골나물

1. 명명

학 명 : *Eupatorium japonicum Thunb. ex Murray*

과 명 : 국화과 (Compositae)

영 명 : a joe-pye weed

향 명 : 택란, 산란, 불로초, 지순, 일택란, 난초, 쉽싸리

2. 특징

한국, 중국, 일본에 분포하며, 해발 1,300m 이하의 풀밭이나 숲 가장자리에 자란다.

전체에 가는 털이 있고 원줄기에 자주빛이 도는 점이 있으며 곧게 선다. 높이는 70cm 정도이다. 밑동에서 나온 잎은 작고 꽃이 필 때쯤이면 없어진다. 중앙부에 커다란 잎이 마주나고 짧은 잎자루가 있으며 달걀 모양 또는 긴 타원형이고 가장자리에 톱니가 있다. 잎의 앞면은 녹색이고 뒷면에는 선점(腺點)이 있으며 양면에 털이 있다. 잎맥은 6~7쌍으로서 올라갈수록 길어지고 좁아진다. 꽃은 흰 자줏빛으로 두상꽃차례[頭狀花序]를 이루고 7~10월에 핀다. 총포(總苞)는 원통형이고 선점과 털이 있으며, 갓털은 흰색이고 4mm 정도이다. 열매는 수과(瘦果)로 11월에 익는다.

어린 잎을 살짝 데쳐 무쳐 먹는다. 나물을 뜨거운 물에 데쳐 햇볕에 말려 묵나물로 사용한다. 정원이나 공원 등지에 심어 관상한다. 어린순을 나물로 먹고 관상용으로도 심는다.

❀ 효능
- 홍역, 류머티스성의 요통, 감기로 인한 해수 치료
- 황달, 통경, 중풍, 고혈압, 산후복통, 토혈, 폐렴 등에 약제로 사용

3. 활성성분

❀ Taraxasterol

✤ Taraxasteryl acetate

4. 관련논문

- 없음

5. 관련특허

(주) 엘지생활건강 (2004) 피부미백제, 10-0453217-0000

(주) 엘지생활건강 (2006) 세리나-4(14),7(11)-디엔-8-온을 유효성분으로 함유하는
　　미니에멀젼 화장료 조성물, 10-0661311-0000

땅두릅

1. 명명

학 명 : *Aralia continentalis KITAGAWA = Aralia cordata* Thunberg

과 명 : 두릅나무과 (Valerianaceae)

속 명 : 두릅나무속 (Aralia)

영 명 : Udo

향 명 : 독활, 땃두릅, 풀두릅, 토당귀

2. 특징

유사한 발음 때문에 땃두릅이라 불리기도 하나 땃두릅 나무와는 다른 종으로 일본, 중국, 동아시아의 온대지역에 넓게 분포한다. 우리나라에서는 해발 1,500m까지의 산야, 계곡, 산기슭 등에 군락을 이루어 자생한다. 씨와 포기나누기로 재배하며, 대량의 모종을 얻을 수 있으나 포기의 양성에 2년씩 걸리는 것이 단점이며 씨가 건조에 약하고 싹트는데 더디다. 가을에 씨가 익으면 따서 물에 씻어서 가라앉는 씨를 자루에 넣어 냉장고에 넣든지 땅 속에 가매장하였다가 봄 3~4월에 뿌린다. 포기나누기는 가장 확실한 번식법으로 이른 봄에 포기를 캐내어 줄기 밑쪽에 싹이 붙어 있으므로 뿌리에 싹을 붙여서 칼로 잘라 쪼갠다.

높이는 1.5m이고 꽃을 제외한 전체에 털이 약간 있다. 잎은 어긋나고 길이 50~100cm, 나비 3~20cm이며 홀수 2회 깃꼴겹잎으로서 어릴 때에는 연한 갈색 털이 있다. 작은 잎은 달걀 모양 또는 타원형이고 가장자리에 톱니가 있다.

잎 표면은 녹색이고 뒷면은 흰빛이 돌며 잎자루 밑 부분 양쪽에 작은 떡잎이 있다.

어린 순은 데쳐서 먹으며, 어린 싹, 채 피지 않은 어린 잎, 꽃봉오리, 열매, 뿌리 등은 약술의 원료로 쓰인다. 농촌에서는 독활의 새순이 독특한 향기가 있어 생채로서 먹을 수도 있고, 살짝 데쳐서 고추장 및 식초장에 찍어 먹기도 하며, 초절임, 구이 등으로 다양하게 요리해 먹기도 한다.

✠ 효능

- 항균, 항산화 활성 및 혈당 감소 효과
- 종양괴사인자 생성 효과 및 빌한, 거풍, 진동에 효능
- 마비와 통증, 반신불수, 수족경련, 두통 현기증, 관절염 치통, 부종 등의 치료

3. 활성성분

✠ Areloside A

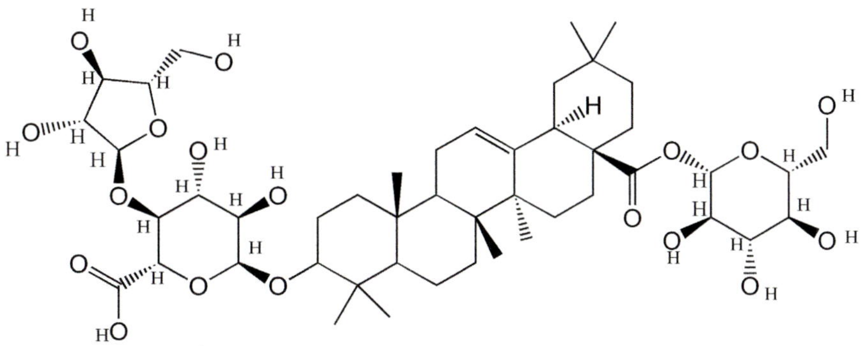

4. 관련논문

Nguyen Hai Dang, XinFeng Zhang, MingShan Zheng, Kun-Ho Son, Hyeun-Wook Chang, Hyun-Pyo Kim, Ki-Hwan Bae, Sam-Sik Kang (2005) 땅두릅 (*Aralia cordata Thunb.*)의 고리산소화효소에 대한 억제 성분. 대한약학회지, 28(1):28-33

강삼식, 최재수, 이명환 (1999) 땃두릅 (*Aralia continentails*)의 항산화 성분. 한국생약학회지, 29(1):13-17

김영균, 고영남 (2002) 두릅나무의 함유성분에 관한 분석연구: 땃두릅나무의 항암활성과 그 성분. 산림과학, 14:125-136

서창섭, 이가오, 김철호, 이청순, 장영동, 장현욱, 손정근 (2007) 독활 뿌리에서 추출한 물질의 세포독성과 DNA 위상이성질화효소 I와 II 억제 활성. 대한약학회지, 30(11):1404-1409

전상욱, 안찬용, 이숙영 (2007) 식용 식물의 새싹에서 추출한 메탄올의 항상화 작용과 세포독성에 관한 시험관내 분석. 동양자원식물학회지, 20(6):499-503

현민경, 정지천 (2007) 흰쥐의 산화저밀도지방단백(OxLDL) 억제를 통한 땅두릅의 노화방지 작용. 동의생리병리학회지, 21(6):1576-1580

임숙자, 원새봄 (1997) 한국산 야생식용식물이 당뇨 유발 흰쥐의 혈당과 에너지대사에 미치는 영향. 한국식품조리과학회지, 13(5):639-647

최미숙, 도대홍, 최도점 (2002) 땅두릅뿌리를 이용한 혼합음료가 당뇨 및 고혈압 환자의 혈압과 혈액 성상에 미치는 영향. 한국식품영양학회지, 15(2):165-172

5. 관련특허

(주) 동화약품 (2006) 생약 추출물을 함유하는 신장질환 치료용 약학 조성물 및 건강기능식품, 10-2006-0009292

(주) 신일제약 (2006) 독활 추출물을 함유하는 염증성 질환 및 치료에 유용한 약제, 10-2006-0018934

강옥화, 권동렬 (2007) 독활로부터 분리된 추출물을 이용한 만성 염증 질환 치료제, 10-2007-0101836

경희대학교 산학협력단 (2006) 독활 추출물을 포함하는 관절 연골 손상 및 관절염의 예방 및 치료용 조성물, 10-2006-0017095

동국대학교 산학협력단 (2006) 독활 추출물을 주요 성분으로 함유하는 동맥경화 예방 및치료용 조성물, 10-2006-7024461

신청군, 박의관, 조선대학교 산학협력단 (2007) 세포 독성 개선 및 간손상 억제 활성을 갖는 독활 추출물을 함유하는 간질환의 예방 및 치료용 조성, 10-2007-0067538

영남대학교 산학협력단 (2007) 독활 추출물을 포함하는 염증 및 알러지질환의 예방 또는 개선용 건강보조식품, 10-2007-0054611

뚝갈

1. 명명

학 명 : *Patrinia villosa (THUNB.) JUSS.*

과 명 : 마타리과 (Valerianaceae)

속 명 : 마타리속 (Patrinia)

영 명 : Whiteflower patrinia

향 명 : 뚝깔, 뚜깔, 흰미역취

2. 특징

　한국, 일본, 중국 등지에 분포하며, 울릉도를 제외한 전국 각처에 분포한다. 산 기슭이나 볕이 잘 드는 풀밭에서 자란다. 분토는 가루를 뺀 산모래(마사토)에 30%의 부엽토를 섞은 것을 쓴다. 분은 지름과 깊이가 18~20cm 정도 되는 것을 골라 쓴다. 산야에서 피고 있는 것을 채취해서 심을 때에는 밑둥에 새눈을 가지고 있는 개체를 골라 이것이 다치지 않게 살며시 심어 준다. 봄에 심을 때에는 갓 자라난 어린 싹을 심어 20㎝ 정도로 자랐을 때 반 정도의 높이로 잘라 버린다. 그러면 곁눈이 자라므로 이것을 키를 낮게 가꾼다. 양지바른 자리에 분을 놓고 보통 정도로 물을 준다. 거름은 깻묵가루나 닭똥을 가끔 분토 위에 놓아 주는 정도로 충분하다.

　잎은 대생하고 단순하거나 우상으로 갈라지며 길이 3~15cm로서 양면에 백색털이 드물게 있고 표면은 짙은 녹색이며 뒷면은 흰빛이 돌고 가장자리에 톱니가 있으며 밑부분의 것은 엽병이 있으나 위로 가면서 없어진다. 잎은 상부의 것이 가장 크고, 폭이 넓은 난상 타원형이다. 높이가 1m에 달하고 백색털이 많으며 밑에서 뻗는 가지가 지하 또는 지상으로 자라면서 번식하고 줄기는 곧게 선다. 꽃은 7~8월에 피고 백색이며 가지 끝과 원줄기 끝에 산방상으로 달리고 화서분지에는 원줄기의 하반부와 더불어 퍼진 또는 밑을 향한 백색 털이 있다. 화관은 지름 4mm로서 끝이 5개로 갈라지며 통부가 짧다. 4개의 수술과 1개의 암술은 길게 꽃 밖으로 곧게 뻗고 자방은 하위이며 3실로서 그 중 1실만이 열매를 맺는다. 열매는 길이 2~3mm인 도란형의 수과로서 뒷면이 둥글고, 포가 발달한 길이 5~6mm의 둥근 날개가 있다. 어린잎을 나무로 먹는다. 쓴맛이 있으므로 데친 다음 충분히 우려낸 후 식용한다.

✽ **효능**
- 청열 및 해독의 효능
- 충수염, 산후어체복통, 목적종통, 옹종개선을 치료

3. 활성성분

✖ Hederagenin

✖ Loganin

✖ Sinigrin

✿ *β-sitosterol-β-D-glucoside*

4. 관련논문

임종필, 최훈 (2004) Proteinase 활성수용체-2 유발 흰쥐 발바닥 부종에 미치는 패
장근 물추출물의 항염증 효과. 한국약용작물학회지, 12(1):47-52

5. 관련특허

한영복 (1996) 황백피와 마타리 식물의 혼합 수추출물을 함유하는 면역증강제 조성
물, 10-1996004-0108

한영복 (1999) 황백피와 마타리 식물의 혼합 수추출물을 함유하는 후천성면역결핍증
치료제 조성물, 10-0193216-0000

한영복, 홍은경, 정영신 (2003) 마타리와 황백피의 혼합 추출물로 구성된 비형 간염
및 간경화 치료 조성물, 10-0389131-0000

마타리

1. 명명

학 명 : *Patrinia scabiosaefolia Fisch. ex Trevir.*

과 명 : 마타리과 (Valerianaceae)

속 명 : 마타리속 (Patrinia)

영 명 : Dahurian patrinia

향 명 : 황화용아, 패장초, 여랑화, 야황화, 가얌취

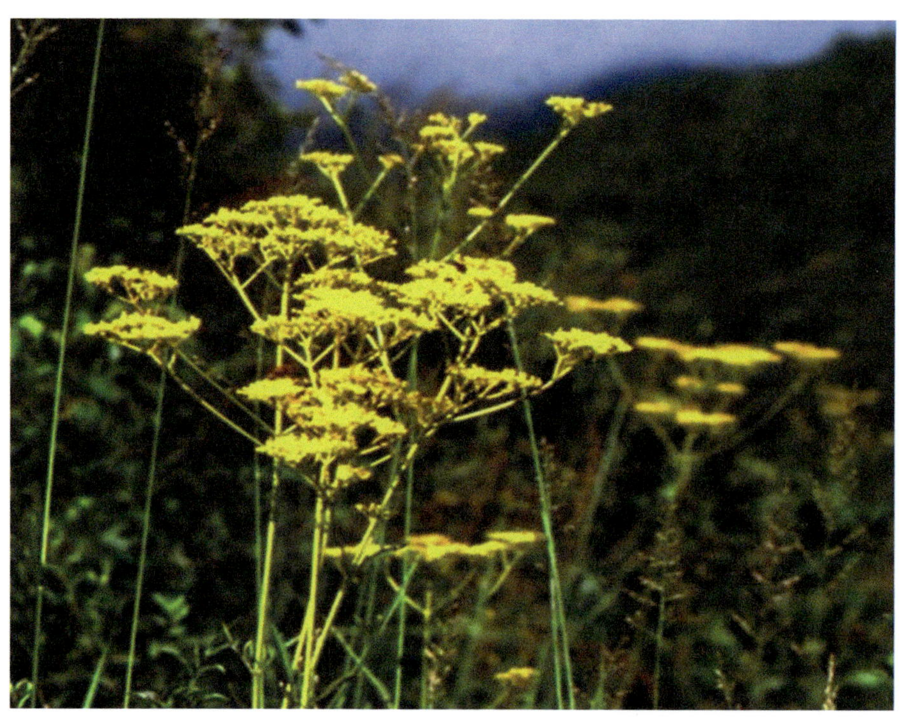

2. 특징

　한국, 일본, 타이완, 중국, 소련 등이 주산지이며 우리나라 전국의 산야 양지에 자생한다. 배수가 잘되고 해가 잘드는 남향으로 약간 습한곳에서 잘 자라며, 질참흙이나 모래참흙 등 다소 걸찬곳을 좋아한다.

　높이는 60~150cm이며, 여러해살이풀로 전체에 털이 성기게 나며 줄기는 곧게 선다. 잎은 대생하고 우상으로 깊이 갈라지며 양면에 복모가 있고 밑부분의 것은 엽병이 있고 위로 갈수록 없어진다. 근생엽은 난형 내지 긴 타원형이다. 열매는 수과로 타원형이며 길이는 3~4mm로서 약간 편평하고 앞면에는 맥이 있으며 뒷면에는 능선이 있다. 꽃은 7~8월에 피며 황색이고 가지 끝과 원줄기 끝에 산방상으로 달리며 화서분지의 한쪽에 돌기 같은 흰털이 있다. 화관은 황색이고 지름 3~4mm로서 5개로 갈라지며 통부가 짧고, 4개의 수술과 1개의 암술이 있으며, 자방은 하위이고 3실로서 그 중 1실만이 종자를 맺는다. 줄기높이는 60~150cm이고 곧게 자라며 줄기 윗부분에서 분지하고 털이 없으나 밑부분에는 털이 약간 있으며 밑에서 새싹이 갈라져서 번식한다. 뿌리는 근경은 굵고 옆으로 뻗는다. 굵은 뿌리가 비스듬히 뻗으며, 몇 개의 잔뿌리가 내린다.

　봄에 나온 어린 싹은 살짝 물에 데쳐 우려낸 후 나물로 무쳐 먹거나 나물밥을 지어 먹기도 하고 기름에 볶아 먹기도 한다. 꽃대가 올라온 뒤에도 밑에는 뻗어나간 뿌리줄기에서 돋아난 어린 싹이 있는데 이 또한 나물로 먹을 수 있다.

✽ 효능

- 안질, 화상, 단독, 정혈, 부종, 대하증 개선
- 소염, 어혈 등에 효과
- 전립선염, 방광염 등에 효과적
- 옴종, 부종, 토혈, 비혈, 대하증, 산후혈행, 복통 등에 특효

3. 활성성분

✽ Coumarin

✱ Loganin

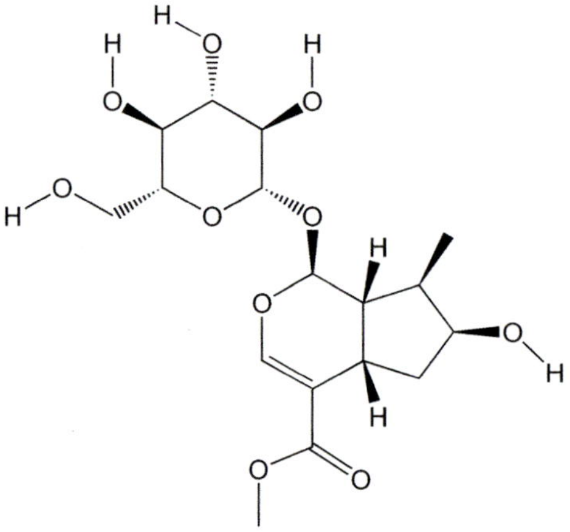

✱ Morroniside

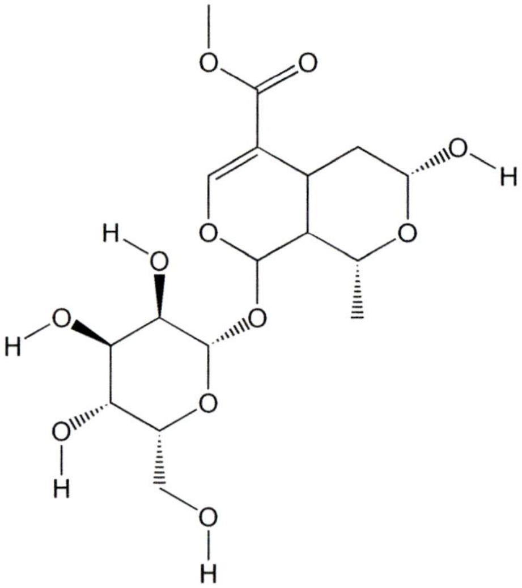

✱ Sinigrin

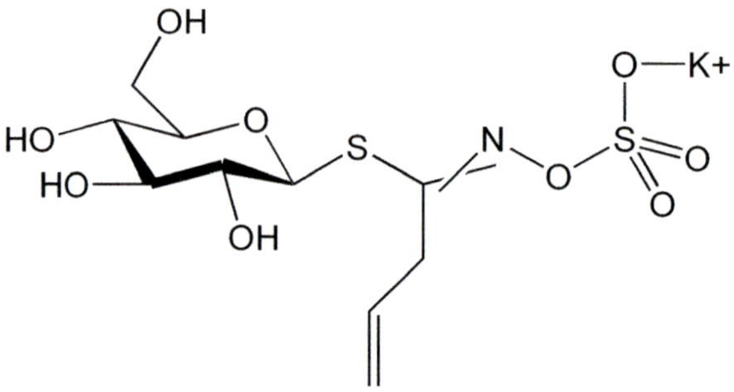

✽ Tannin

4. 관련논문

김영희 (1997) Studies on Components of *Patrinia scabiosaefolia*. 한국생약학회지, 28(2):93-98

박희운 (2003) 국내 자생약초 마타리 계통선발, 재배기술 및 건강식품 개발연구. 농촌진흥청 작물시험장, pp1-95

신국현, 우원식, 이청규 (1985) 생쥐의 효소활성에 관한 마타리 및 장구채풀의 효과. 한국생약학회지, 16(1):1-6

양미영, 최영해, 여호섭, 김진웅 (2001) 마타리 뿌리로부터 새로운 트라이터펜 락톤. 대한약학회지, 24(5):416-417

우원식, 신국현 (1979) 약물대사에 관한 몇 가지 약용식물의 활성 추가조사. 대한약학회지, 2(2):115-119

우원식, 신국현, 이청규 (1981) 혈청 트란스아미나제 활성에 관한 6가지 한약효과와 쥐의 간세포. 대한약학회지, 4(2):123-127

우원식, 최재수, 신국현 (1985) 마타리 뿌리의 독성사포닌 분리. 한국생약학회지, 16(4):248-252

이상래, 윤의수, 신수철, 이상철 (1993) 한국산(韓國産) 항종양성(抗腫瘍性) 자원(資源)의 Screening에 대하여(II). 한국자원식물학회지, 6(1):25-32

임동욱, 유동열 (2006) 복방홍등패장산(復方紅藤敗醬散)의 항혈전 및 항염작용에 대한 실험적 연구. 대한한방부인과학회지, 19(3):151-173

조재열, 박지수, 김평수, 차숙희, 유은숙, 백경업, 이종수, 박명환 (1999) 지질다당류-유도 RAW264.7 세포 내 종양 괴사인자 생성에 미치는 한방의 억제효과. Natural Product Sciences, 5(1):12-19

최재수, 우원식 (1982) 패장초의 Triterpenoid 및 Coumarin 성분. 한국생약학회지, 13(1):54-55

최재수, 우원식 (1984) 마타리 뿌리의 쿠마린 및 트라이터보네이드 글리코사이드. 대한약학회지, 7(2):121-126

최재수, 우원식 (1984) 패장초의 간독성 사포닌에 관한 연구. 한국생약학회지, 15(1):51-52

5. 관련특허

(주) 파마킹, 박유로, 한용우 (2002) 마타리과 식물의 추출물을 함유하는 간 기능 개선 및 간염치료 용의 약조성물, 10-0328467-0000

김용해, 곽정훈, 박정희, 민응기, 오정석 (2005) 천연 생약재 추출물을 함유하는 미백 화장료 조성물, 10-0515419-0000

김용해, 곽정훈, 박정희, 민응기, 오정석 (2005) 천연 생약재 추출물을 함유하는 주름개선 화장료 조성물, 10-0515418-0000

성문희, 박청, 최재철, 부하령, 우야마 히로시 (2006) 폴리감마글루탐산—비타민C 복합체를 함유하는 콜라게나제 저해제 및 그 용도, 10-0628413-0000

한영복, (주) 파마킹 (1999) 황백피와 마타리 식물의 혼합 수추출물을 함유하는 후천성면역결핍증 치료제 조성물, 10-0193216-0000

한영복, 홍은경, 정영신 (2003) 마타리와 황백피의 혼합 추출물로 구성된 비형 간염 및 간경화 치료 조성물, 10-0389131-0000

홍진천, 박성순, 김영택, 김기환, 김광수 (2004) 약초 추출물을 함유하는 저자극성 화장료 조성물, 10-0454150-0000

만삼

1. 명명

학 명 : *Codonopsis pilosula (FR.) Nannf.*

과 명 : 초롱꽃과 (Campanulaceae)

속 명 : 더덕속 (Codonopsis)

영 명 : Pilose asiabell

향 명 : 당삼, 태삼, 선초근, 삼엽채, 참더덕

사진제공 : 강원대학교

2. 특징

　한국, 중국, 우수리강 등지에 분포하며, 우리나라에서는 중부지방, 강원도 이북의 해발 1,000m 이상 고산지대의 추운 산등성이나 골짜기등에서 자란다. 깊은 산중의 음습하고 서늘한 반그늘에서 잘 자라므로 중북부지방의 산간지역에 가꾸는 것이 좋다. 부식질이 많고 표토가 깊으며 습기가 적당한 사질양토가 알맞다.

　줄기와 뿌리에서 나는 냄새도 더덕 과 같고 잎모양은 더덕을 닮았으나 더 작고 줄기가 더 무성하며 뿌리는 더덕보다 더 가늘고 길다. 더덕과는 달리 높은 산 추운 산등성이나 골짜기에서 자란다. 높고 서늘하고 습기가 있으며 양지바른 풀밭이 만삼이 자라기에 가장 좋은 장소이다. 전체에 흰 털이 나고 연질이며 뿌리줄기는 비대하다. 잎은 어긋나며 잎자루가 길고 달걀모양으로 끝은 날카롭거나 뭉툭하며 잎 밑은 둥글거나 좁다. 꽃은 7~8월에 자색으로 피며 작은 가지 끝에 종 모양의 꽃이 달린다. 꽃부리는 꽃받침의 상부에 이생(離生)하고 5갈래로 갈라진다. 갈라진 조각은 삼각형이고 뒤로 말리며, 꽃받침은 5갈래로 갈라지고 갈라진 조각은 달걀모양 바소꼴이며 씨방하위이다.

　어린 순은 나물로 먹는다.

✽ 효능

- 인후염, 천식, 보폐, 경풍, 한열, 편도선염, 거담 등의 약으로 사용
- 강장, 건위, 조혈, 혈압강하, 진해거담 작용

3. 활성성분

✠ Inulin

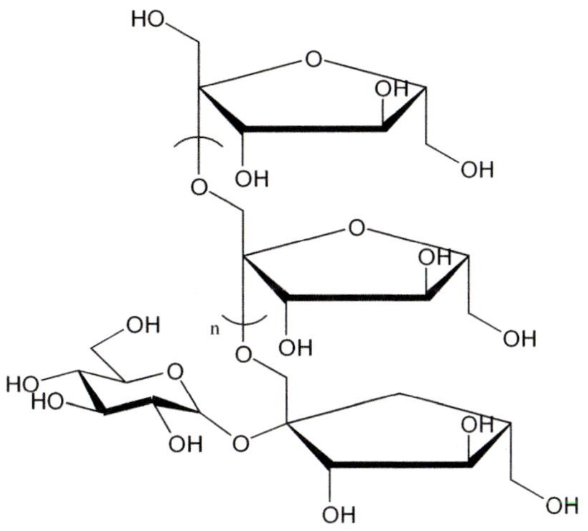

✠ Saponin

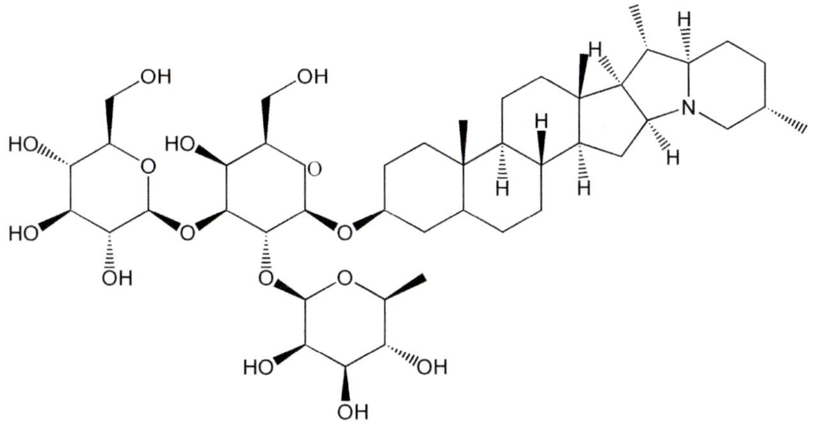

4. 관련논문

김영희, 이인란 (1984) 만삼의 Triterpenoid 성분에 관한 연구. 한국약학회지, 28(3):179-183

김재근 (2006) 안전한 한약재 (잔대, 만삼) 재배를 위한 유용미생물 이용에 관한 연구. 한국위생학회지, 21(2):1-10

이인란 (1977) 만삼의 약리와 화학성분. 한국생약학회지, 8(2):43-48

이인란 (1978) 만삼의 성분에 관한 연구. 한국약학회지, 22(1):1-7

이인란 (1980) 만삼엑기스가 임파성백혈병 P388에 미치는 영향. 한국생약학회지, 11(2):104-107

이인란 (1985) GC-Mass에 의한 만삼 에텔엑기스의 성분 연구. 한국생약학회지, 16(3):136-140

이인란, 김영희, 박성배 (1982) 만삼의 Sterol 및 Steryl glycoside 에 관한연구. 한국생약학회지, 13(3):129-131

이인란, 정명희 (1979) 만삼 *Codonopsis pilosula (Franchet) Mannfeldt*의 성분에 관한 연구. 한국생약학회지, 10(1):35-36

박종희, 권성재, 오종영 (2005) 한약 만삼의 생약학적 연구. 한국생약학회지, 36(1):21-25

5. 관련특허

권혜정, 공영준, 최병곤, 홍정기 (2004) 자생식물을 이용한 혈당강하용 액상차조성물, 10-0446978-0000

박부규 (2005) 면역활성 및 항암 효과 증진용 조성물, 10-0493708-0000

박용기, 윤철호, 박권무, 부용출 (2007) 신부전 예방 및 치료용 약제학적 조성물, 10-0770634-0000

이승도, 이승은 (2007) 숙취예방 및 해소를 위한 식품조성물, 10-0751047-0000

이정노, 박영재, 정지헌, 조병기 (2007) 만삼 추출물을 포함하는 피부 노화 방지용 화장료 조성물, 10-0681702-0000

조성기, 김성호, 이성태, 박혜란, 오헌, 변명우 (2005) 항암, 면역 및 조혈 기능 증진 효과와 산화적 생체 손상의억제 효과를 갖는 생약조성물과 그 제조방법, 10-0506384-0000

최병곤, 조수현, 김경희, 유성희 (2009) 한약재를 이용한 기능성 샐러드소스 및 그의 제조방법, 10-0908929-0000

최영진 (2007) 골절 회복을 촉진하는 생약재 조성물, 10-0731160-0000

모과나무

1. 명명

학 명 : *Chaenomeles sinensis (Thouin) Koehne*

과 명 : 장미과 (Rosaceae)

속 명 : 명자나무속 (Chaenomeles)

영 명 : Chinese quince

향 명 : 목과(木瓜), 모개나무

2. 특징

중국이 원산이며 일본 및 세계 곳곳에 분포한다. 수직적으로 표고 100~170m, 수평적으로 전남, 전북, 경북, 충북, 경기도에 야생한다. 과수 또는 분재용으로 심는다. 나무껍질이 조각으로 벗겨져서 흰무늬 형태로 된다.

높이는 10m에 달하며, 어린 가지에 털이 있고 두해살이 가지는 자갈색의 윤기가 있다. 잎은 어긋나고 타원상 달걀모양 또는 긴 타원형이다. 잎 윗 가장자리에 잔 톱니가 있고 밑 부분에는 선(腺)이 있으며 턱잎은 일찍 떨어진다. 꽃은 연한 홍색으로 5월에 피고 지름 2.5~3cm이며 1개씩 달린다. 꽃잎은 달걀을 거꾸로 세운 모양이고 끝이 오목하다. 열매는 이과(梨果)로 타원형 또는 달걀을 거꾸로 세운 모양이고 길이 10~20cm, 지름 8~15cm이며 목질이 발달해 있다. 9월에 황색으로 익으며 향기가 좋으나 신맛이 강하다.

✠ 효능

- 기관지 환자에 탁월 및 설사병에도 유효
- 목 질환에 효과적
- 배탈, 입덧, 숙취, 구토, 혈액 순환, 근육 등에 효과적

3. 활성성분

✠ Caffeine

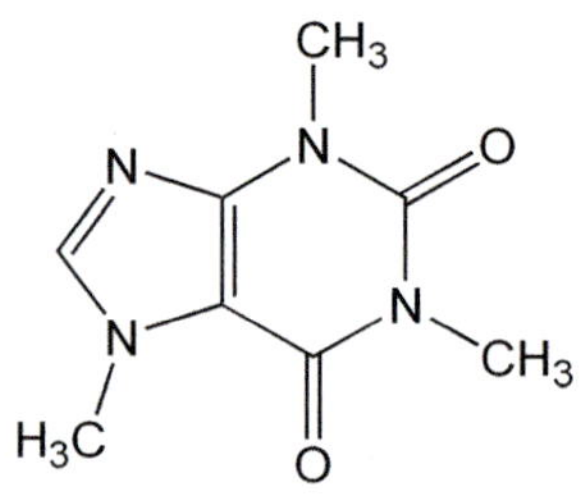

✤ Saponin

✤ Tannin

4. 관련논문

김은경, 정태영 (1990) 모과의 항산화 효과에 관한 연구. 한국농화학회지, 33(4):361-361

노승배, 장은하, 임광식 (1995) 모과로부터 산성 트리테르펜의 분리 및 동정. 한국약학회지, 39(6):610-615

송재철, 정태영, 조대선, (1988) 모과의 비휘발성 Flavor 성분에 관한 연구. 한국식품과학회지, 20(3):293-302

이대형, 김재호, 김나미, 최종승, 이종수 (2002) 모과 (*Chaenomeles sinensis*) 주류의 생리기능성. 한국생물공학회지, 17(3):266-270

이유미, 신형덕, 이재준, 이명렬 (2007) 모과 에탄올 추출물의 항산화 효과. 한국식품저장유통학회지, 14(2):177-182

이유미, 이재준, 신형덕, 이명렬 (2006) 에탄올에 의해 유발된 간독성에 대한 모과 추출물의 보호효과. 한국식품영양과학회지, 35(10):1336-1342

정태영, 조대선, 송재철 (1988) 모과의 비휘발성 Flavor 성분에 관한 연구. 한국식품 과학회지, 20(3):293-302

5. 관련특허

고병섭, 정승원, 박갑주, 박인호, 김호경, 강봉주, 정재득 (2001) 인플루엔자 바이러스 A형 감기의 치료 및 예방기능을 갖는 항 바이러스성 약제 및 기능성식품, 10-0295359-0000

박건재, 한재우, 안상혁 (1999) 건모과 추출액을 이용한 모과음료와 그의 제조방법, 10-0211019-0000

송재철, 박현정, 조은경 (2003) 항균력을 갖는 모과엑기스의 제조방법, 10-0412914-0000

송재철, 박현정, 조은경 (2004) 모과액을 함유한 사과쥬스 및 그의 제조방법, 10-0423098-0000

신성섭 (2007) 도라지, 감초, 맥문동 및 모과 추출물을 함유한 호흡기 질환 예방용 건강음료 조성물, 10-0674603-0000

이종수, 김재호, 이대형 (2004) 모과를 이용한 생리기능성 발효주와 그 제조방법, 10-0423537-0000

모시대

1. 명명

학 명 : *Adenophora remotiflora (Siebold & Zucc.)*

과 명 : 초롱꽃과 (Campanulaceae)

속 명 : 잔대속 (Adenophora)

영 명 : Scattered-flower ladybell

향 명 : 첨길경(甛桔梗), 백면근(白面根), 모싯대, 모시잔대

2. 특징

일본(단, 호카이도에는 자생하지 않음), 한국, 중국 북동부에서 자란다. 재배에 적합한 지형은 북서 또는 북동방향의 경사 10~45° 인 산복이나 계곡에 토심이 깊고 약간 습하며 그늘진 사질양토(비음도 65~85%)에서 잘 자란다. 토질은 보수력이 있고 비옥한 유기질이 많은 곳이 좋다.

줄기는 곧게 서고 뿌리가 굵다. 잎이 어긋나며 밑 부분의 것은 잎자루가 길고 난상 심장형 난형으로 끝이 뾰족하며 밑 부분이 둥근 모양이나 심장 모양으로써 가장 자리에 예리한 톱니가 있다. 꽃은 8~9월 원줄기 끝에서 밑을 향해 자주색으로 달려 엉성한 원추화서로 된다. 꽃받침은 5개로 갈라지지만 녹색의 열편은 가장자리가 밋밋하고 화관은 끝이 5개로 갈라져서 벌어진다. 수술은 5개이나 암술은 1개이고, 자방은 하위로써 암술머리가 3개로 갈라진다.

예로부터 인기있는 산채로 많이 식용되었으며 일부에서는 재배, 생산되고 있다. 어린잎과 줄기는 생으로 무쳐 먹거나 국거리, 나물무침, 기름볶음, 샐러드, 묵나물 등으로 이용한다. 잎, 줄기, 꽃으로 튀김을 만들기도 하며 뿌리는 구이, 생채무침, 볶음, 장아찌 등으로 조리한다.

✠ 효능

- 경기, 한열, 익담, 해독, 거담 등에 효과적

3. 활성성분

✠ Inulin

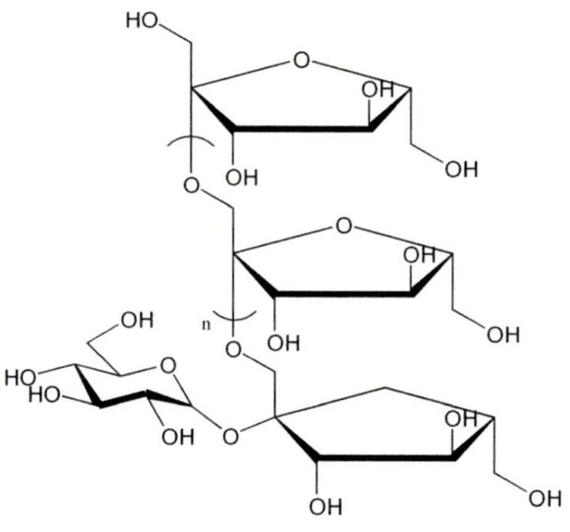

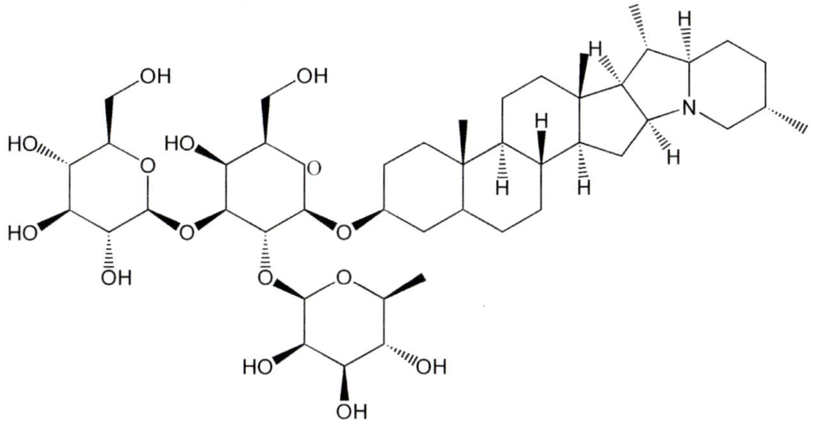

4. 관련논문

김성향, 김미경, 정미숙, 이미순 (2006) 모시대(*Adenophora remotiflora*)의 향기패턴 및 관능적 특성. 식물자원연구지, 5(3):111-120

김성향, 최향숙, 이미순, 정미숙 (2007) 모시대추출물의 휘발성 성분 및 항산화 활성. 한국식품과학회지, 39(2):109-113

문형인, 노종화, 이강노, 지옥표 (1999) 그늘모시대의 플라보노이드 성분. 한국약학회지, 43(1):1-4

이소라, 김수정, 김건희 (2001) 모시대의 식품이용화 가치 증진을 위한 품질특성. 덕성여자대학교 자연과학연구소논문집, 7:117-124

임숙자, 한혜경, 고진희 (2003) 한국산 식용 및 약용 식물의 섭취가 당뇨 유발 흰쥐의 혈당, 글리코겐 및 단백질 농도에 미치는 영향 -고본, 누룩치, 모시대 및 산초를 이용하여 -. 한국영양학회지, 36(10):981-989

5. 관련특허

김정상, 권정숙, 손건호, 장동재 (2005) 모시대 추출물과 그를 함유한 혈당강하용 조성물, 10-0489564-0000

물레나물

1. 명명

학 명 : *Hypericum ascyron L.*

과 명 : 물레나물과 (Guttiferae)

속 명 : 물레나물속 (Hypericum)

영 명 : Giant St. Johnswort

향 명 : 한연초, 소연교, 황해당, 금사호접, 연교, 양풍초, 매대채, 큰물레나물

2. 특징

한국을 원산지로 일본, 동부아시아, 오대, 알타이 등지에 분포한다. 우리나라 전국의 산과 들, 길가 초원부터 높은 산까지 자생한다.

원줄기는 네모지며 곧게 서나, 윗부분은 녹색이지만 밑 부분은 목질로 되며 연한 갈색으로써 가지가 갈라진다. 잎은 어긋나고 잎자루가 없이 원줄기를 마주 싸며 끝이 뾰족한 피침형이고 가장자리가 밋밋하며 투명한 점이 있다. 꽃은 6~8월 가지 끝에 짙은 노란색으로 5개의 꽃잎이 모두 한쪽 방향으로 굽어 바람개비모양처럼 된다. 꽃받침 잎은 5개로써 맥이 많으며 난형이지만, 꽃잎은 낫같이 굽은 난형으로써 암술대는 암술머리와 더불어 중앙까지 5개로 갈라진다. 열매는 난형의 삭과로써 종자에 작은 그물맥이 있고 한쪽에 능선이 있다.

봄, 초여름에 연한 잎과 줄기를 삶아 나물로 먹는다.

�֍ **효능**
- 편도선염, 중이염, 급 만성 방광염에 효능
- 소종, 지혈, 평간에 효능

3. 활성성분

✖ **Hypericin**

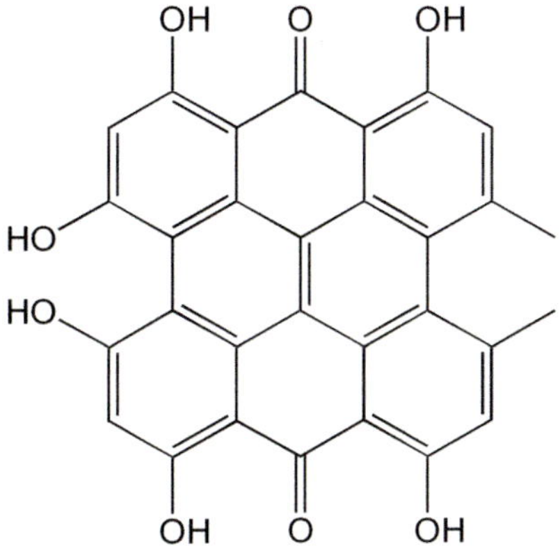

✤ Quercetin

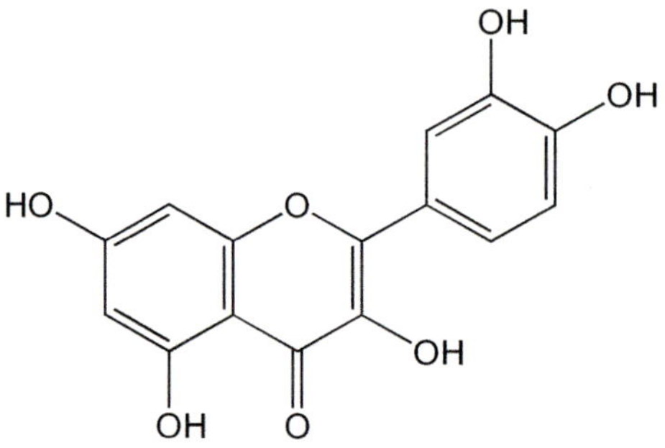

✤ Rutin

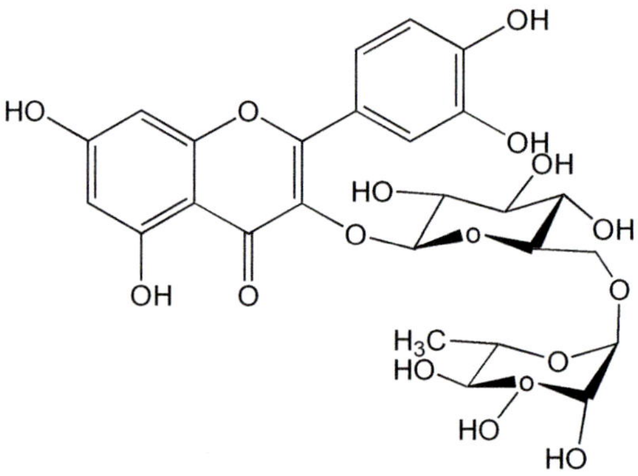

✤ Tannin

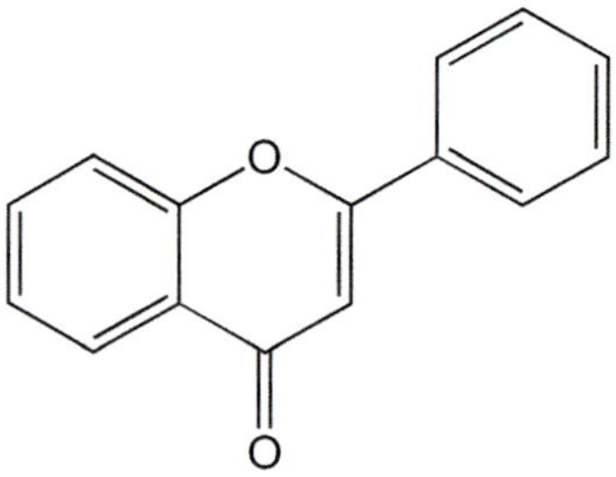

4. 관련논문

김금숙, 이승은, 이희주, 김이민, 전소영, 박춘근, 성낙술, 송경식 (2004) 식물자원의 Prolyl Endopeptidase 저해활성 탐색. 한국약용작물학회지, 12(1):1-9

채성욱, 이소영, 김주선, 배기환, 김성규, 강삼식 (2006) 물레나물 (*Hypericum ascyron*)의 성분. 한국생약학회지, 37(3):162-168

한지숙, 이지영, 백남인, 신동화, 박일웅 (2002) 물레나물 (*Hypericum ascyron L.*)의 식중독 미생물 증식 억제 물질의 분리 및 식품적용. 한국식품과학회지, 34(2):274-282

5. 관련특허

김성우, 이강태, 정지현, 조병기 (2006) 연교추출물을 함유한 미백제, 10-0638056-0000

유기호, 최충호 (2005) 천연재료를 이용한 용기 제조방법, 10-0481290-0000

이성훈, 박창훈 (2005) 생약 추출물, 10-0538154-0000

이정식 (2001) 간질환 예방 및 치료용 생약조성물, 10-0310979-0000

미나리

1. 명명

학 명 : *Oenanthe javanica DC.*
과 명 : 산형과 (Umbelliferae)
속 명 : 미나리속 (Oenanthe)
영 명 : Water dropwort (Water celery)
향 명 : 수근채, 근, 야근채, 개미나리

2. 특징

　우리나라 원산으로 우리나라 전역에 자생하고 있으며 사할린섬, 중국대륙, 일본, 동남아시아, 오세아니아 등 아한대, 온대로부터 열대까지 널리 분포하고 있다. 습지에서 자라고 흔히 논에 재배한다.

　줄기 밑 부분에서 가지가 갈라져 옆으로 퍼지고 가을에 기는줄기의 마디에서 뿌리가 내려 번식한다. 줄기는 털이 없고 향기가 있으며 높이가 20~50cm이다. 잎은 어긋나고 길이가 7~15cm이며 1~2회 깃꼴겹잎이고 잎자루는 위로 올라갈수록 짧아진다. 작은 잎은 달걀 모양이고 길이가 1~3cm, 폭이 7~15mm이며 끝이 뾰족하고 가장자리에 톱니가 있다. 꽃은 7~9월에 흰색으로 피고 줄기 끝에 산형꽃차례를 이룬다. 꽃차례는 잎과 마주나며 5~15개의 작은 꽃자루로 갈라지고 각각 10~25개의 꽃이 달린다. 작은총포의 조각은 6개이고 줄 모양이며 길이가 2mm이다. 꽃잎은 5개이며 안으로 구부러지고, 씨방은 하위(下位)이다. 열매는 분과(分果:분열과에서 갈라진 각 열매)이고 길이 2.5mm의 타원 모양이며 가장자리에 모가 나있다.

✽ **효능**

- NK세포내 활성 증강
- DPPH radical 소거능 효과 및 정화기능이 탁월
- 지혈, 강장, 정력보강, 보혈, 이뇨, 폐렴, 황달, 급만성간염에 효능
- 혈압강하, 해염, 진정, 변비예방, 신경쇠약등에 효과

3. 활성성분

✽ **Kaempferol**

✤ Quercetin

4. 관련논문

김광혁, 장명웅, 박건영, 이숙희, 류태형, 선우양일 (1993) Phytol과 들미나리 추출물이 Sarcoma 180마우스의 T Subset에 미치는 효과. 한국영양식량학회지, 22(4):405-411

김종식, 최준호, 송세달 (2001) 미나리를 이용한 계면활성성분의 제거에 관한 연구. 한국응용화학회지, 5(2):148-151

선우양일, 이숙희, 박건영, 장명웅, 김광혁, 류태형 (1993) 들미나리 추출물이 마우스의 세포성면역에 미치는 효과. 대한미생물학회지, 28(5):419-430

신채심, 노숙령 (2006) 돌미나리 가루와 맥주 효모가 알코올을 섭취한 흰쥐의 간 기능 및 혈청 지질대사에 미치는 영향. 동아시아식생활학회지, 16(3):281-291

이경임, 이숙희, 박건영 (2004) 미나리와 돌미나리의 돌연변이 유발 억제작용과 항산화 효과. 한국지역사회생활과학회지, 15(1):49-55

이은, 박영훈, 임상철 (2005) 미나리 즙이 과산화 지질과 알코올을 투여한 흰쥐의 체지질 구성, 간장기능 및 항산화능에 미치는 영향. 한국자원식물학회지, 18(2):343-350

이종호, 박종철, 유영법 (1993) 미나리의 Steroid 및 Flavonoid. 한국생약학회지, 24(3):244-246

조현우, 이승호, 남두현, 김종연, 임상규, 이정수, 박종철 (2008) 미나리 지상부에서 라디칼 소거 활성을 가지는 페놀성 화합물의 분리. 한국생약학회지, 39(2):142-145

조현욱, 김명훈, 황규영, 민병운, 박종철, 김종홍 (1999) 미나리 추출물이 마우스의 장기내 수은 축적에 미치는 영향. 한국독성학회지, 15(1):1-8

황태익, 임현옥, 이재와 (1999) 밭미나리 발효액이 알콜투여 흰쥐의 간기능관련 효소 활성에 미치는 영향. 한국약용작물학회지, 7(2):107-114

5. 관련특허

(주) 농심 (2004) 정미성이 높은 미나리 액기스의 제조방법, 10-0454152-0000

(주) 롯데제과 (2001) 고혈압 억세효능을 지닌 돌미나리 추출물을 함유하는 식품, 10-0297812-0000

(주) 엘컴사이언스 (2006) 뇌기능 및 인지 기능 개선 활성을 갖는 조성물, 10-0569089-0000

배영훤, 민윤식 (2002) 기능성 건강음료 빛 그 제조방법, 10-0365528-0000

이인수 (2003) 미나리 추출물을 함유하는 폐암예방 및 전이억제용 식이조성물, 10-0395214-0000

최석용, 박성배 (2008) 미나리를 주재료로 한 숙취해소용 음료의 제조방법, 10-0813338-0000

미역취

1. 명명

학 명 : *Solidago virgaurea subsp. asiatica kitam. ex Hara var. asiatica*

과 명 : 국화과 (Compositae)

속 명 : 미역취속 (Solidago)

영 명 : Goldenrod

향 명 : 돼지나물, 두메미역취, 일지황화

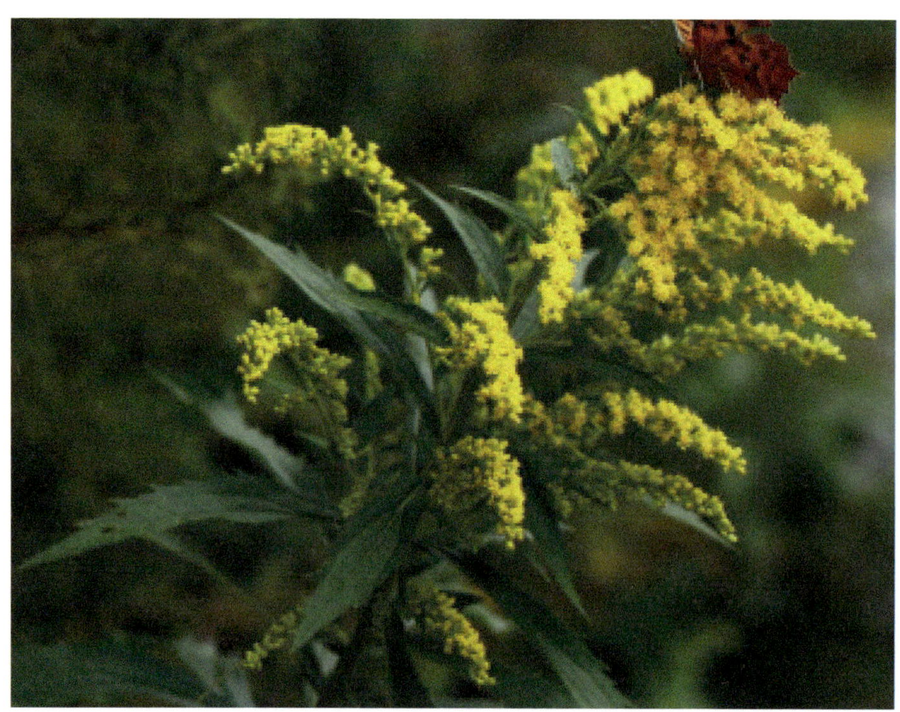

2. 특징

한국이 원산지이며, 전국의 산과 들, 길가 초원 및 높은 산에 자생한다. 산과 들의 볕이 잘 드는 풀밭에서 자란다. 비교적 어느곳에서나 잘자라는 특성이 있으나 배수가 잘되는 걸찬 모래참흙이 가장 좋고 척박하거나 물빠짐이 안되는 땅에서는 생육도 나쁘고 고사하는 포기가 많아지며 약간 해가림이 되는 곳이 좋다.

줄기는 곧게 서고 윗부분에서 가지가 갈라지며 짙은 자주색이고 잔털이 있으며 높이가 30~85cm이다. 꽃이 필 때 뿌리에서 나온 잎은 없어진다. 줄기에서 나온 잎은 날개를 가진 잎자루가 있고 달걀 모양, 달걀 모양의 긴 타원형 또는 긴 타원 모양의 바소꼴이며 끝이 뾰족하고 표면에 털이 약간 있으며 가장자리에 톱니가 있다. 줄기 위로 갈수록 잎이 작아지고 폭이 좁아지며 잎자루가 없어진다. 꽃은 7~10월에 누란 색으로 피고 3~5개의 두상화(頭狀花:꽃대 끝에 꽃자루가 없는 작은 꽃이 많이 모여 피어 머리 모양을 이룬 꽃)가 산방꽃차례를 이루며 달리고 전체가 커다란 꽃 이삭을 형성한다. 두상화는 지름이 1.2~1.4cm이고 가장자리에 암꽃인 설상화가 1열로 배열하고 가운데에 양성화인 관상화가 여러 개 있다. 총포는 통 같은 종 모양이고 포 조각은 4줄로 배열한다. 열매는 수과이고 원통 모양이며 관모는 길이가 3.5mm이다. 어린순을 나물로 먹는다. 한방에서는 식물체를 일지황화(一枝黃花)라는 약재로 쓰는데, 감기로 인한 두통과 인후염, 편도선염에 효과가 있고, 황달과 타박상에도 쓰며, 종기 초기에 즙액을 붙인다.

생채로 먹거나 어린 잎을 살짝 데쳐 무쳐 먹는다. 나물을 뜨거운 물에 데쳐 햇볕에 말려 묵나물로 사용한다.

✽ **효능**
  • 이뇨, 해열, 진통, 건위, 신장염, 방광염, 감기, 두통, 황달 등의 치료제로 사용
  • 항산화 활성

3. 활성성분

�֎ Astragalin

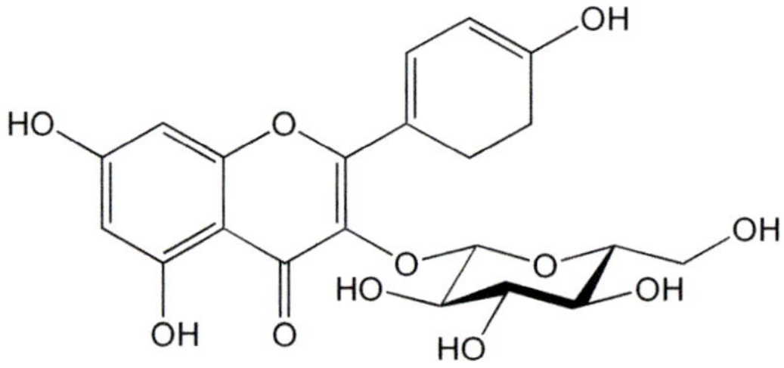

✖ Inulin

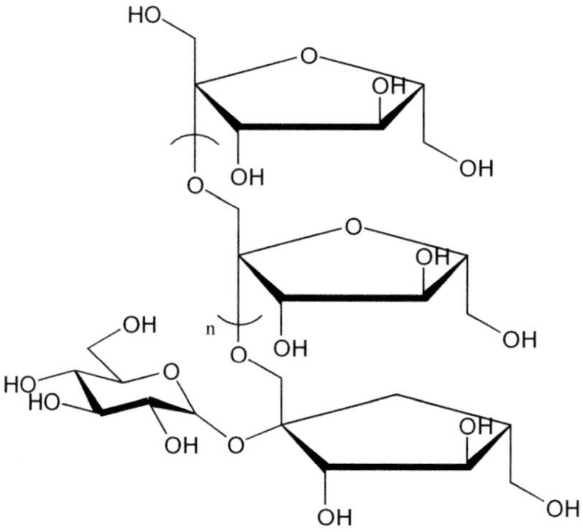

✖ Quercetin

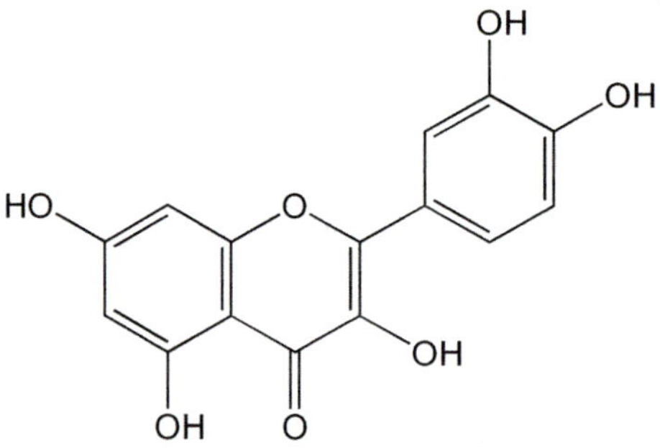

❈ Rutin

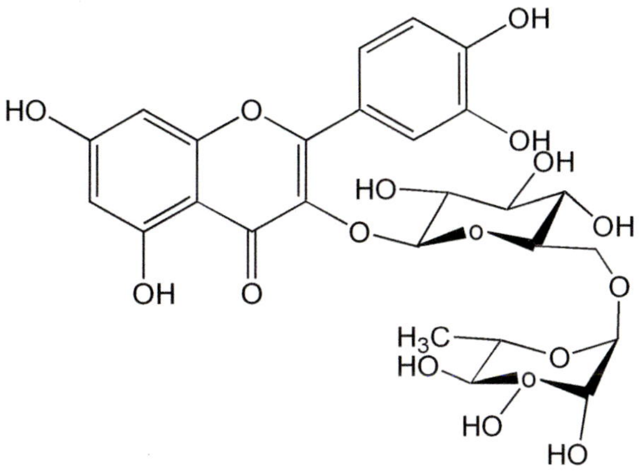

4. 관련논문

박정현, 이지원, 김현정, 이인선 (2005) 미역취(*Solidago virga-aurea var. gigantea Miq.*) 뿌리 추출물이 MC3T3-E1 조골세포의 활성과 분화에 미치는 영향. 한국식품영양과학회지, 34(7):929-936

이지원, 박정현, 이효주, 이인선 (2005) 미역취뿌리 추출물이 성장기 흰쥐의 골대사에 미치는 영향. 한국생명과학회지, 15(2):236-241

5. 관련특허

학교법인 계명대학교 (2008) 골 대사 질환 예방 및 치료에 유용한 미역취 추출물, 10-846454-0000

밀나물

1. 명명

학 명 : *Smilax riparia var. ussuriensis Hara et T. KOYAMA*

과 명 : 백합과 (Liliaceae)

속 명 : 밀나물속 (Smilax)

영 명 : Greenbrier, Catbrier

향 명 : 중요채(中尿菜), 노룡수(老龍須), 우미채(牛尾采), 마미신근(馬尾伸根), 밀, 먹나물, 오아리, 멜순, 멧순

2. 특징

한국을 원산으로 전국 각처에 분포하고, 일본, 중국에 분포한다. 산기슭, 강기슭, 들판, 구릉지 등의 수림 사이의 밝은 덤불 속에 자생한다. 가을에 씨가 익으면 채종하여 물에 씻어서 과육을 제거한 후 봄에 파종한다. 씨는 한 번 건조하면 발아력이 상실되므로 재배가 어렵다고 여겼으나 습층저장으로 휴면을 타파시키면 발아율은 나쁜 편이 아니다. 가을이나 이른 봄에 싹트기 전에 포기를 캐내어 쪼개어 심으면 된다.

가지가 많이 갈라지며 능선이 있다. 잎은 어긋나고 긴 타원형이며 5~7개의 맥이 있고, 끝이 뾰족하며 밑 부분은 심장형으로 파이고 가장자리가 밋밋하며, 표면은 녹색으로써 털은 없으나 뒷면에 잔돌기가 있다. 꽃은 5~7월 잎겨드랑이에서 황록색에 작은 구상의 산형화서로 꽃줄기는 잎자루 보다 훨씬 길며 작은 꽃줄기가 15~30개 달린다. 열매는 둥근 장과이고 검게 익는다.

어린 순이나 연한 줄기와 꽃봉오리 등을 식용하는데, 어린 순은 생으로 튀김요리도 하고 마요네즈나 초고추장에 찍어 먹어도 향미롭다. 국거리로도 이용되며, 조림, 소금물에 절임가공도 할 수 있다.

효능

- 고혈압, 중풍치료에 효과
- 노화 방지, 혈액순환 개선, 이뇨와 강장의 효과

3. 활성성분

4. 관련논문

조경열, 우미희, 정순옥 (1995) 밀나물 지하부의 steroid saponin 성분. 대한약학회지, 39(2):141-147

조은선, 김정일, 김호현, 전인주, 함인혜, 황완균 (2003) *Smilax riparia* 잎의 항산화 성분. 대학약학회지, 47(5):300-306

5. 관련특허

김상윤 (2009) 천연 산야초 발효 흑마늘, 그 제조방법 및 그것을 포함하는 건강식품,
10-0895110-0000

정현성 (2003) 우미채를 이용한 담배 대용품, 20-0317008-0000

배초향

1. 명명

학 명 : *Agastache rugosa (Fisch. et Meyer) O. KUNTZE.*

과 명 : 꿀풀과 (Labiatae)

속 명 : 배초향속 (Agastache)

영 명 : Wrinkled giant hyssop

향 명 : 방앳잎, 중개풀, 참되기, 어향, 토곽향, 인난초, 방아잎, 방애풀, 방아풀

2. 특징

동아시아 지역인 대만, 만주, 러시아 아무르 및 우수리, 일본, 중국, 베트남과 북아메리카에 여러종이 있으며 우리나라 전역에는 1종이 분포되어 있고 순수 토종 자생 식물이다. 산비탈 또는 집주변 및 길가에서 자란다. 재배하려면 따뜻하고 습윤한 기후가 좋다. 배수가 잘되고 두터우며 비옥하고 푸석푸석한 사질 토양이 좋다. 가뭄과 서리를 싫어한다.

높이는 40~100cm로 줄기는 곧게 서고 윗부분에서 가지가 갈라지며 네모진다. 잎은 마주나고 달걀 모양이며 길이 5~10cm, 나비 3~7cm이다. 끝이 뾰족하고 밑은 둥글며 길이 1~4cm의 긴 잎자루가 있으며 가장자리에 둔한 톱니가 있다. 꽃은 입술 모양이며 7~9월에 피고 자줏빛이 돌며 윤산꽃차례[輪傘花序]에 달리고 향기가 있다. 꽃차례는 이삭 모양으로서 길이 5~15cm이다. 꽃받침은 5개로 갈라지고 화관은 길이 8~10mm로서 윗입술 모양 꽃잎은 작고 아랫입술은 크며 5개로 갈라진다. 4개의 수술 중 2개는 길다. 열매는 분열과로서 납작하고 달걀 모양의 타원형이다.

어린 잎을 살짝 데쳐 무쳐서 먹거나, 생선회를 먹을 때 쌈으로 싸 먹는다. 나물을 뜨거운 물에 데쳐 햇볕에 말려 묵나물로 사용한다. 잘 말려서 차(茶)로도 마신다.

✠ 효능

- 항염증 효과 및 동맥경화 예방효과
- 고지혈증 예방효과
- 소화, 건위, 진통, 구토, 복통, 감기 등에 약으로 사용

3. 활성 물질

✠ d-limonene

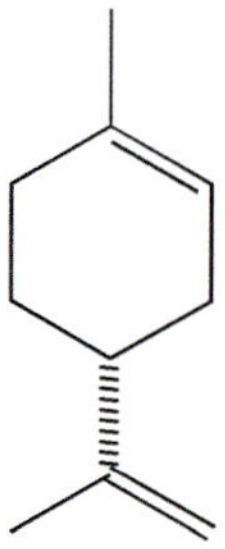

4. 관련논문

김영호, 변순정, 이형규, 오세량, 김정일 (1994) 배초향의 Diterpenoid와 그 생물활성. 한국생약학회지, 25(1):83-83

김영호, 이형규, 이정옥, 변순정, 오세량, 김정일 (1994) 배초향 지하부의 Diterpene 성분과 그 세포독성. 한국생약학회지, 25(4):319-327

김정봉, 김종범, 조강진, 황영수, 박노동 (1999) 한국산 방아잎 (배초향, *Agastache rugosa O. Kuntze*) 에서 항산화물질 로즈마린산의 분리, 동정 및 활성. 한국응용생명화학회지, 42(3):262-266

김진경, 이봉호, 방진기, 박충범, 이범규 (2001) 향유 및 배초향 정유성분의 화학형 분류. 한국국제농업개발학회지, 13(1):71-77

박희준, 권상혁, 이명선, 김갑태, 최무영, 정원태 (2000) 배초향 지상부에서 얻은 정유의 조성과 항균효과. 한국식품영양과학회지, 29(6):1123-1126

송보경, 이형규, 오세량, 김정일 (1995) 배초향 지하부의 Phenylpropanoid 성분. 한국생약학회지, 26(1):86-87

이문정, 박건우 (1999) Se 처리시 배초향의 항산화성에 미치는 영향. 한국원예과학기술지, 17(5):643-643

이부용, 황진봉 (2000) 추출조건에 따른 배초향 추출물들의 이화학적 특성. 한국식품과학회지, 32(1):1-8

이승은, 박춘근, 차문석, 김진경, 성낙술, 방경환, 방진기 (2002) 대장균과 살모넬라균에 대한 박하와 배초향 정유성분의 항균활성. 한국약용작물학회지, 10(3):206-211

이은숙, 안병태, 이새봄, 김혜경, 복성해, 정태숙 (1999) 배초향으로부터 Grb2-Shc domain 결합저해 물질의 분리. 생약학회지, 한국약용작물학회지, 30(4):404-408

이지연, 강정란, 황완균 (2007) 배초향 지상부 메탄올 추출물의 항산화 활성. 한국미
용학회지, 13(3):1396-1403

이형규, 오세량 (2002) 배초향의 생리활성 물질과 항동맥경화 효과. 한국작물학회 ·
한국육종학회 · 한국약용작물학회 공동심포지엄, 77-81

최갑성, 이홍렬 (1999) 배초향 잎의 유용성분과 특성. 한국식품영양과학회지,
28(2):326-332

한대석, 변순정 (1988) 배초향 지하부의 Triterpenoid 성분(II). 한국생약학회지,
19(2):97-98

5. 관련특허

(주) 팬제노믹스 (2005) 생약 복합물을 포함하는 위장관 운동장애 질환의 예방 및 치
료용 조성물, 10-0532703-0000

신승원 (2006) 배초향 정유 및 케토코나졸을 유효성분으로 함유하는 복합항진균제,
10-0649121-0000

이명구 (2000) 모노아민 산화효소 저해활성을 가지는 포로토베르베린알카로이드 화
합물을 유효성분으로 함유하는 항우울제, 10-0281003-0000

한국생명공학연구원 (2004) 배초향에서 분리한 아폽토시스 저해 효과를 나타내는
신규한 화합물, 그의 제조방법, 그를 포함하는 약학적 조성물 및 용도, 10-
0420664-0000

한국생명공학연구원 (2004) 항염증 활성 및 항동맥경화 활성을 나타내는 배초향 추
출물, 10-0447948-0000

<h1 style="text-align:center">비비추</h1>

1. 명명

학 명 : *Hosta longipes (Fr. et. Sav) Matsu.*

과 명 : 백합과 (Liliaceae)

속 명 : 비비추속 (Hosta)

영 명 : Purple-bracted plantain-lily

향 명 : 오잠화

2. 특징

한국, 일본, 중국 등지에 분포하며, 양지바른 들이나 낮은 산에 잘 자란다. 여름철의 더위에 약한 식물이므로 반그늘 상태에서 직사광선을 차단해 주고 통풍이 좋은 곳을 택하여 재배한다. 토양은 특별히 가리지 않으나 배수가 잘되는 곳이 좋다.

잎이 모두 뿌리에서 돋아 비스듬히 퍼진다. 잎은 난상 심장형 또는 타원상 난형으로써 끝이 뾰족하여 윤채가 없고 가 장자리가 밋밋하며 8-9개의 맥이 있다. 꽃은 7~8월에 연한 자주색 꽃이 한쪽으로 치우쳐서 총상으로 달린다. 포는 얇은 막질로 자주 빛이 도는 백색이고 꽃이 핀 후 쓰러진다. 열편이 뒤로 약간 젖혀지고 수술과 암술은 길게 화관 밖으로 뻗는다. 열매는 긴 타원형의 삭과이고, 종자는 흑색으로서 가장자리에 날개가 있다.

어린 잎은 따서 우려 낸 후 나물로 무쳐먹을 수 있고, 날것은 쌈으로 혹은 샐러드로 무쳐 먹기도 한다. 죽에 넣어 혹은 국을 끓여 먹기도 한다. 잎이 담백하고 약간 미끈거리는 듯하며 씹는 맛이 느껴져서 좋다.

✠ 효능

- 허약, 자궁출혈, 토혈, 기종, 인후홍종을 치료
- 보허, 화혈, 지통의 효능

3. 활성성분

✱ Saponin

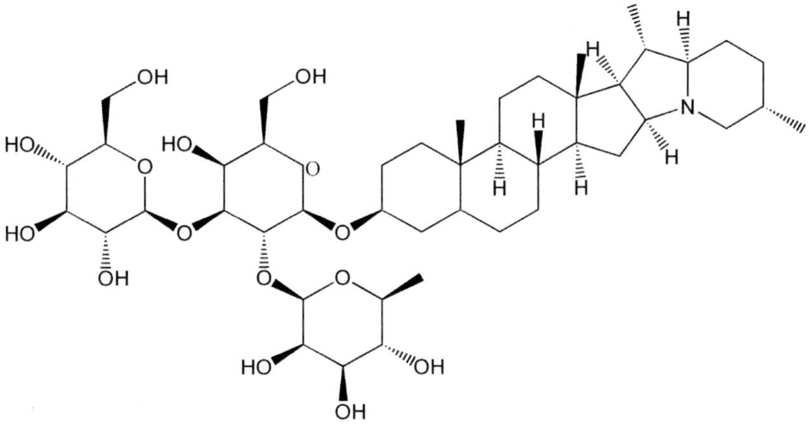

4. 관련논문

- 없음

5. 관련특허

- 없음

뻐국채

1. 명명

학 명 : *Rhapontica uniflora (L.) DC.*

과 명 : 국화과 (Compositae, Asteraceae)

속 명 : 뻐국채속 (Rhapontica)

영 명 : Unifliwer swisscen-taury

향 명 : 루로, 대화계, 뻐꾹나물

2. 특징

한국, 중국, 동부 시베리아 등지에 분포한다. 우리나라 각처의 산이나 들이 건조한 양지에 자생한다. 토양은 특별히 가리는 편은 아니지만 부식함량이 높은 사질양토에서 잘 자란다. 건조에 견디는 힘이 강한여 산지의 능선부에 잘 적응하면서 자라는 것을 볼 수 있다.

전체가 백색털로 덮여 있으며 가지는 없고, 뿌리가 굵으며 원줄기는 화경 상으로서 줄이 있다. 뿌리 잎은 꽃이 필 때 까지 남아 있고 밑 부분의 잎은 도피침상 타원형 또는 피침상 긴 타원형으로 끝이 둔하나 밑 부분은 좁으며 깃 모양으로서 완전히 갈라진다. 열편은 6~8쌍으로서 서로 떨어져 있으나 긴 타원형으로 끝은 둔하고 백색 털이 밀생하며 가장자리에는 불규칙한 톱니가 있거나 깊이 파진다. 줄기의 잎은 어긋나고 위로 올라갈수록 점차 작아진다. 꽃은 6~8월 원줄기 끝에서 홍자색의 대형 두화가 1개씩 달린다. 총포는 바구형이며 6열로 배열되고 외편과 중편은 주걱모양으로 윗부분이 없으나 뒷면에는 털이 약간 있고 밑 부분은 털이 많으며 내편은 피침상 선으로 끝이 약간 넓고 화관은 통부의 좁은 부분이 다른 부분 보다 짧고 홍자색이나, 열매는 긴 타원형의 수과로써 관모는 여러 줄이며 담갈색이다.

어린잎을 나물로 무쳐 먹는다. 쓴맛 때문에 가볍게 데쳐서 한동안 물을 갈아가며 잘 우려낸 다음 무치도록 한다. 우려낸 다음에 남는 약간의 쓴맛은 소화력을 돕는 구실을 한다. 어떠한 식물이라도 식용하는 것은 우선 새순, 어린잎을 조리해 먹으며, 성숙한 것이면 맛이 거북스럽지 않는 한 깨끗하고 싱싱한 꼭대기의 생장점을 뜯어서 갖가지 조리를 하게 된다.

�֍ 효능

- 만성 위염에 효과
- 청열, 해독, 소종, 배농의 효능

3. 활성성분

✠ Inulin

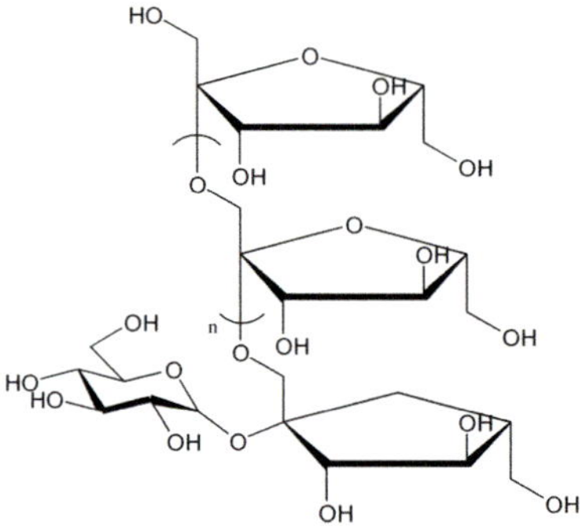

✠ Saponin

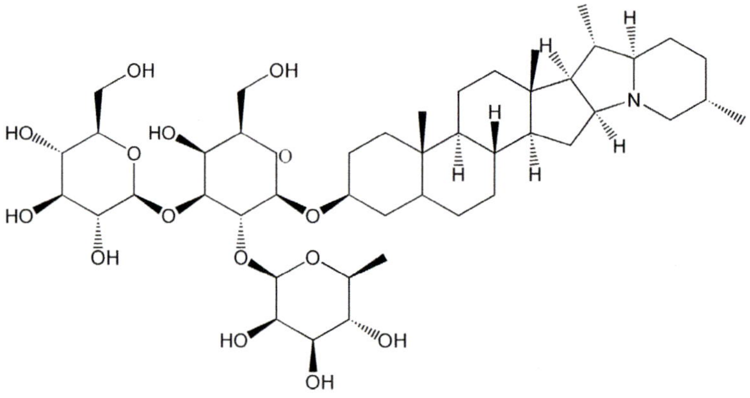

✠ Tannin

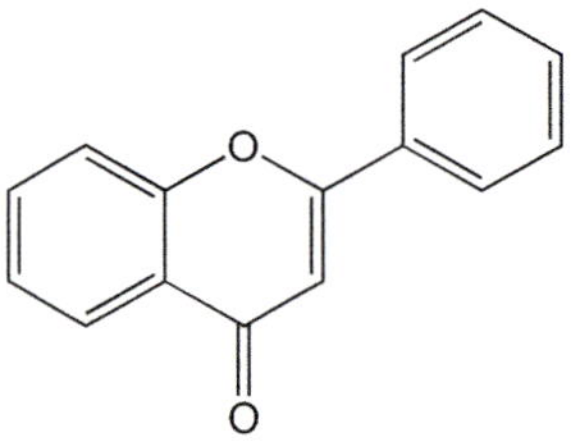

4. 관련논문

- 없음

5. 관련특허

- 없음

산국

1. 명명

학 명 : *Chrysanthemum boreale (Makjno) Makino*

과 명 : 국화과 (Compositae, Asteraceae)

속 명 : 산국속 (Dendranthema)

영 명 : North chrysanthemum

향 명 : 개국화, 야국[野菊], 고의[苦薏], 황국, 들국화

2. 특징

한국, 일본 등지에 분포하며, 우리나라에서는 전국 각지의 산야지에 흔히 자생한다. 재배환경으로는 배수가 잘 되는 양지 바른 곳이 적당하며 식재용토는 일반 마사토단용 또는 10% 정도의 부엽을 혼합하는 것이 좋다. 특히 건조에 강하기 때문에 노지 재배 시 돌틈이나 척박한 곳에 심는 것도 키가 작게 자라서 관상가치가 높다.

높이는 약 1m이고, 뿌리줄기는 길게 벋으며 줄기는 모여나고 곧추선다. 흰털이 나며 가지가 많이 갈라진다. 뿌리에 달린 잎은 꽃이 필 때 마른다. 줄기에 달린 잎은 어긋나고 긴 타원형의 달걀 모양이며 길이 5~7cm, 나비 4~7cm이다. 깃꼴로 깊게 갈라지고 가장자리에 날카로운 톱니가 있다. 잎자루는 길이 1~2cm이다. 꽃은 9~10월에 노란색으로 피는데, 두화(頭花)는 지름 1.5cm 정도로서 가지와 줄기 끝에 산형(傘形) 비슷하게 달린다. 총포는 길이 약 4mm이고, 포조각은 3~4줄로 늘어서며 바깥조각은 줄 모양이거나 좁은 긴 타원 모양이다. 화관은 통 모양이며 끝이 5갈래로 갈라진다. 열매는 수과(瘦果)로서 10~11월에 익으며 길이 1mm 정도이다.

관상용으로 심으며 어린순은 나물로 먹는다.

✠ 효능

- 항산화, 항균 및 항진균 활성
- 지질과산화물 생성억제효과
- 세포독성 억제효과

3. 활성 물질

✠ Acacetin-7-O-Rutinoside

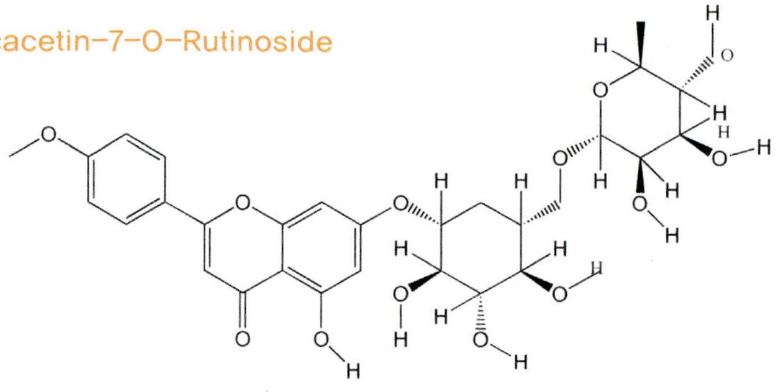

�֎ Apigenin

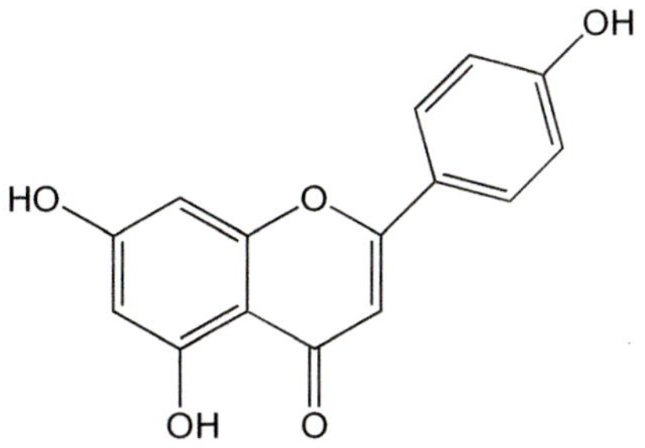

✖ Chrysanthemin

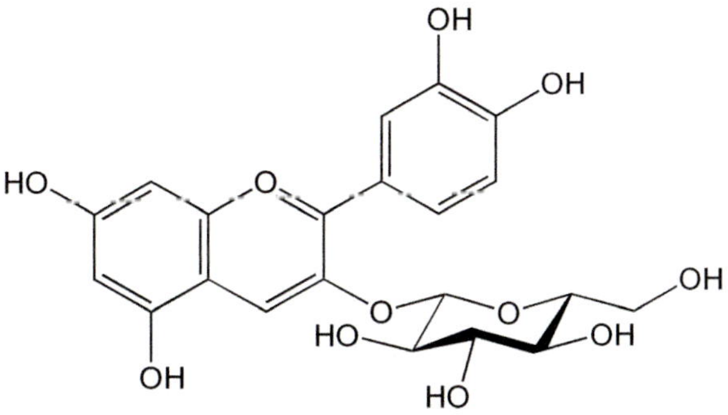

✖ Sesquiterpene lactone

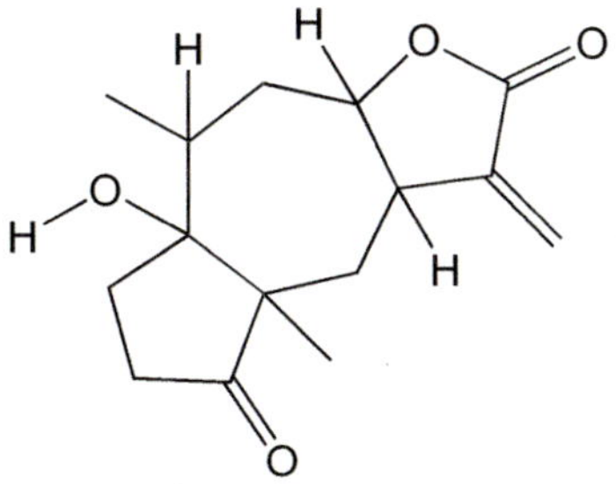

✖ Tetracosane

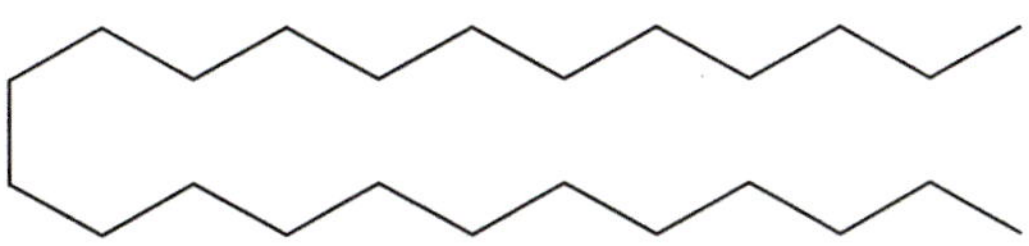

4. 관련논문

남상해, 양민석 (1995) 산국 추출물의 항균력. 한국응용생명화학회지, 38(3):269-272

남상해, 양민석 (1995) 산국으로부터 항암활성 성분의 분리. 한국농화학회지, 38(3):273-277

남상해, 최상도, 최진상, 장대식, 최상욱, 양민석 (1997) 산국으로부터 분리한 Sesquiterpene Lactones 의 흰쥐 복수암에 대한 효과. 한국식품영양과학회지, 26(1):144-147

박난영, 이기동, 정용진, 권중호 (1998) 산국 에탄올 추출물의 이화학적 특성에 대한 추출조건의 최적화. 한국식품영양과학회지, 27(4):585-590

양민석, 장대식, 남상해, 최상욱 (1994) Mouse Leukemia Cell에 대한 산국의 세포 독성물질. 한국생약학회지, 25(1):89-90

임요섭, 박영민, 박문수, 김길용, 김명조, 최용화 (2000) 국내 자생 식물의 항산화 및 항미생물 활성 탐색. 한국약용작물학회지, 8(4):342-350

장대식 ,박기훈, 이종록, 하태정, 박윤배, 남상해, 양민석 (1999) 지칭개, 구절초 및 산국에서 분리한 Sesquiterpene lactones의 항균활성. 한국응용생명화학회지, 42(2):176-179

차정단, 김태영, 우원홍, 전병훈, 김해경, 유용욱, 김강주, 길봉섭 (2000) 산국 휘발성 추출액 및 인체 치은 섬유아세포에 미치는 영향. 원광대학교 생채재료·매식연구소, 9(1):37-58

차정단, 김태영, 우원홍, 정규용, 김강주, 길봉섭 (1999) 산국 휘발성 추출액의 항균 및 항진균활성. 원광대학교 생채재료·매식연구소, 8(1):235-244

최성희 (1999) 산국의 정유분석. 생활과학논문집, 3(2):43-47

한완수 (2003) 산국의 자유라디칼 소거 물질 분리 및 동정. 한국약용작물학회지, 11(1):1-3

5. 관련특허

(주) 케이티앤지, (주) 한국인삼공사 (2006) 위장질환 환자를 위한 생약조성물을 함유하는 건강기능식품, 10-0578665-0000

백현숙, 박영미, 성혜영, 전숙자, 홍용근, 박기훈, 양민석, 박윤배, 이종록 (2005) 큐맘브린 A를 함유하는 혈당강하용 의약 조성물, 10-0473045-0000

양민석, 남상해, 박기훈, 홍용근, 하태정, 박윤배, 장대식 (2002) 큐맘브린 A의 고혈압 치료제로서의 용도, 10-0355482-0000

한국생명공학연구원 (2007) 라이노바이러스에 대한 항바이러스 조성물, 10-0668689-0000

산딸기

1. 명명

학 명 : *Robus crataegifolius Bunge*

과 명 : 장미과 (Rosaceae)

속 명 : 산딸기속 (Rubus)

영 명 : Hawthornleaf raspberry

향 명 : 산딸기나무, 나무딸기, 흰딸, 함박딸, 참딸, 곰딸

2. 특징

원산지는 유럽과 아시아이며 우리나라의 경우 숲 가장자리나 야산에 흔하게 자란다. 재배적지는 지하수위가 낮고, 토심이 깊으며 물 빠짐이 좋은, 공기의 유통이 잘되는 양토 및 사양토로서 유기물이 풍부한 토양이어야 한다. 산도는 약산성(ph 5.5~6.5)이 좋다. 복분자는 장미과에 속하는 식물로 줄기의 수(髓)가 줄기의 60~90%를 차지하므로 쉽게 속이 빈 것 같아 줄기가 겨울철에 한풍을 막을 수 있고, 겨울철에 기온이 급격히 내려가는 지역은 피하는 것이 좋다. 종자는 잘 발아가 되지 않고 종자로 번식을 할 경우에는 수확시기가 늦고, 초기 수확량이 적어서 농가에서는 이용이 되질 않고 있다. 삽목시기는 3월중순~4월 상순 이상적이나 야간기온이 낮아 발근이 잘되지 않으므로 보온해 주어야 발근이 잘된다.

유묘의 전체적 성상은 쌍자엽으로 어릴 때는 줄기에 털이 있다. 잎은 장상(掌狀)이고 3~5개로 갈라지지만 과지(果枝)의 잎은 3개로 갈라지거나 또는 갈라지지 않으며 열편은 난형 또는 난상 피침형이고 예두 또는 점 첨두이며 복거치(複鋸齒)가 있고 표면에 털이 없으며 뒷면은 맥 위에 털이 있거나 없고 엽병은 길이 2~5cm로서 갈퀴같은 가시가 있다. 줄기는 높이 2m에 달하며 적갈색으로서 어릴때는 털이 있으며 윗부분에서 긴 가지가 나오며 갈퀴같은 가시가 산(散)생한다. 뿌리에서 싹이 나와 군집을 형성한다. 꽃은 6월에 피며 지름 2cm로서 가지 끝의 산방상화서에 달리고 2개씩 달리 는 것도 있다. 꽃받침잎은 피침형이며 안쪽에 털이 있고 꽃잎은 타원형으로서 백색이다. 집합과로서 둥글고 7~8월에 황홍색으로 열매가 익으며 먹을 수 있다.

✤ 효능

- 기관지천식, 습진 등 알레르기성 질병에 효능
- 어린이의 성장발육에 효과
- 요실금, 감기, 유정, 폐렴, 기침 치료에 효과

3. 활성성분

❊ Saponin

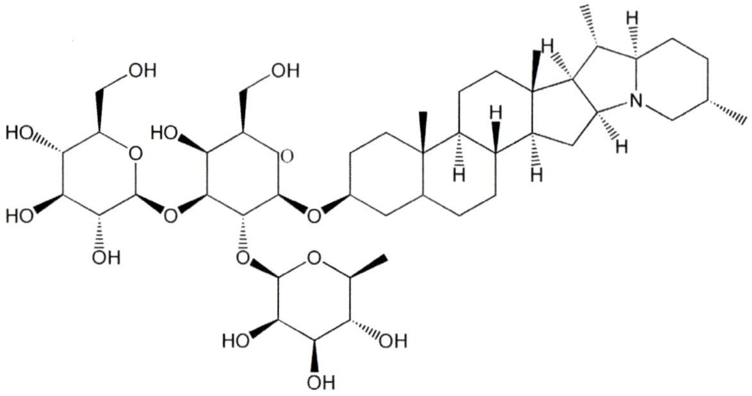

❊ Sitrin

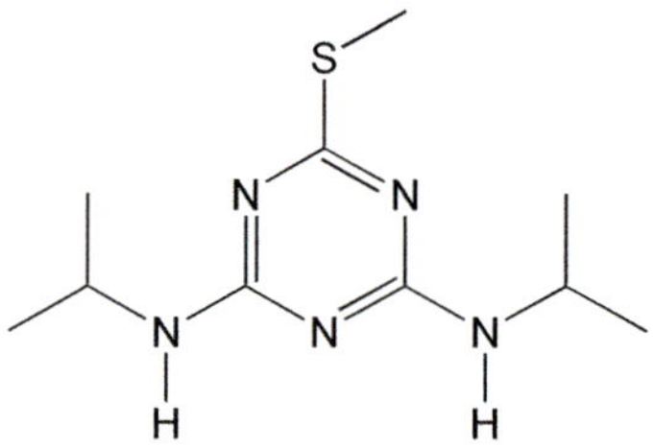

❊ Tannin

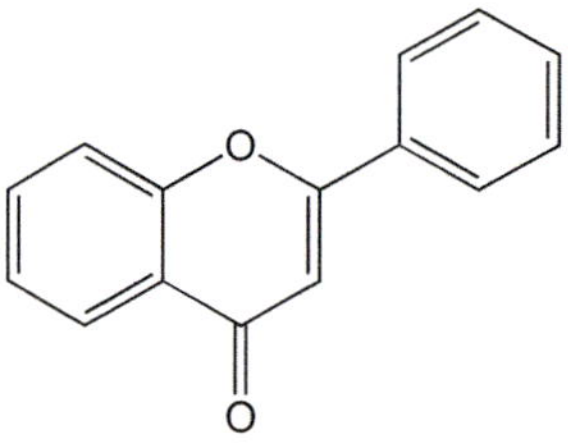

❊ *β*-sitosterol

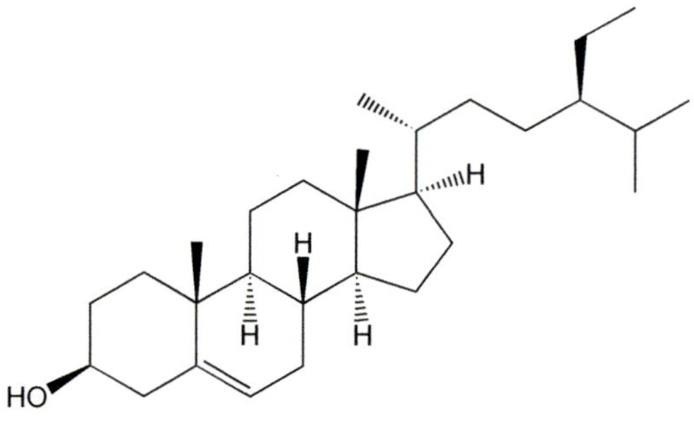

4. 관련논문

Dutta, S.; Ghatak, K.L.; Ganguly, S.N (1997) 산딸기 (*Rubus ellipticus*) 잎으로부터 새로운 오환트라이터펜의 분리와 구조 분석. 한국생약학회지, 3(2):108-110

권진혁 (2008) *Rhizopus stolonifer*에 의한 산딸기 무름병 발생. 한국식물병리학회지, 14(2):127-130

남정환, 저현주, 이경태, 김원준, 박희준, 최종원 (2007) 산딸기 잎에서 얻은 19-Hydroxyursane-형 Triterpenoid 분획의 항-고지혈증 효과와 성분. 한국생약학회지, 13(2):152-159

남정환, 정현주, 김원배, 박종희, 박희준 (2007) 산딸기 잎으로부터 새로운 Quercetin 3-O-trisaccharide의 분리. 한국생약학회지, 13(3):225-228

유성호, 곽종환, 고인자, 유승조 (1991) 산딸기 나무 (*Rubus crataegifolius BUNGE.*)의 성분에 관한 연구. 성균관대학교 약학연구소, 3(2).75-81

이형래, 최미현 (1997) 산딸기, 메밀 (봄, 가을), 산유수에서 방화곤충의 활동, 화분매개 효과 및 화분의 특성 연구. 한국양봉학회지, 12(2):69-78

한영숙, 이아영, 성기옥, 박주연 (2004) 산뽕나무와 산딸기나무 추출물의 항균효과에 관한 연구. 성신여자대학교 생활문화연구소, 18(2):91-98

5. 관련특허

김원용 (2007) 복분자 또는 산딸기의 뿌리 추출물을 함유하는 항균용 조성물, 10-0699333-0000

메드빌 (2003) 두릅과 산딸기를 용매로 추출한 항산화 효과를 가진 추출물, 10-0389132-0000

방영식 (2007) 고욤나무 열매 식초의 제조방법, 10-0749927-0000

한영복, 김해리, 홍은경, 정영신 (2003) 두릅과 산딸기를 용매로 추출한 항산화 효과를 가진 추출물, 10-0389132-0000

산마늘

1. 명명

학 명 : *Allium microdictyon Prokh.*

과 명 : 백합과 (Liliaceae)

속 명 : 파속 (Allium)

영 명 : Alpine leek

향 명 : 맹이, 명이, 산산, 각총, 명이나물, 맹이풀, 신선초, 명부추

2. 특징

한국, 일본, 중국 북부, 시베리아 동부, 캄차카반도 등지에 분포하고 있으며 우리 나라 경우 지리산, 오대산, 설악산의 고산지대와 울릉도에 자생하고 있다. 이른봄에 새싹이 자라므로 봄에 햇볕을 충분히 받을 수 있는 곳이 좋다. 여름철에는 습기가 있는 환경을 좋아하고 가을에는 따뜻한 곳을 좋아한다. 자생지는 바람이 직접적으로 와닿지 않는 계류 주변 부위로 토양수분이 풍부한 낙엽활엽수림 아래에서 주로 많은 군락이 발달한다. 이런 곳은 봄에는 전년도 가을에 진 낙엽과 충분한 햇볕의 영향 때문에 따뜻하고 여름철에는 잎이 무성해지는 계절로 서늘하며, 가을에는 낙엽이 지므로 다시 따뜻해지기 때문이다. 토양은 낙엽 등이 퇴적되어 잘 썩은 비옥지가 적합하며 특히 보수력과 배수력이 좋은 약간 경사진 사질양토가 최적지이다.

파와 비슷한 인경을 가졌는데 비늘줄기는 바소꼴이고 길이 4~7cm이며 그물 같은 섬유로 싸여 있다. 잎은 넓고 크며 2~3개씩 달린다. 잎몸은 타원형이거나 달걀 모양이고 길이 20~30cm, 나비 3~10cm이다. 가장자리는 밋밋하고 밑부분은 통으로 되어 서로 얼싸안는다. 꽃은 5~7월에 피고 꽃줄기 끝에 산형꽃차례으로 달린다. 포(苞)는 달걀 모양이고 2개로 갈라진다. 화피는 긴 타원형으로서 길이 5~6mm이며 6장이고 보통 흰빛이다. 수술은 6개이며 화피보다 길다. 꽃밥은 노란빛을 띤 녹색이다. 열매는 삭과(蒴果)로서 거꾸로 된 심장 모양이고 8~9월에 익는다. 3개의 심피로 되어 있으며 끝이 오목하고 종자는 검다.

잎이 충분히 자랐을 때 잘라 생채쌈으로 먹을 수 있는 것은 물론이고 초무침 나물볶음 국거리 튀김 샐러드 조미료 묵나물 재료로도 이용할 수 있다. 알뿌리는 기름으로 볶거나 튀김으로 먹을 수 있다. 밭마늘처럼 염장이나 장아찌 등 저장식품으로 가공해 먹기도 한다.

✽ 효능

- 혈청 지질감소효과 및 고지혈증 예방효과
- 총 콜레스테롤, LDL 콜레스테롤 증가효과
- 항돌연변이성 효과
- 폐암 및 간암세포주 세포독성 억제효과

3. 활성성분

✠ Allicin

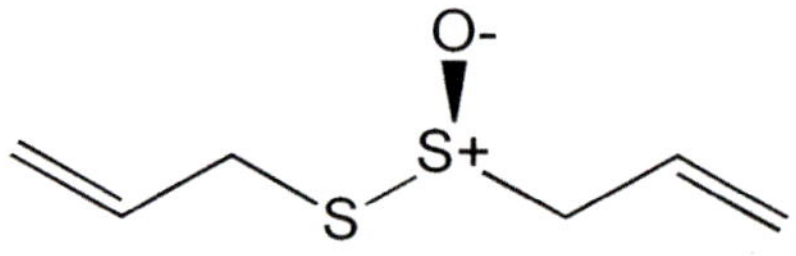

✠ Alliin

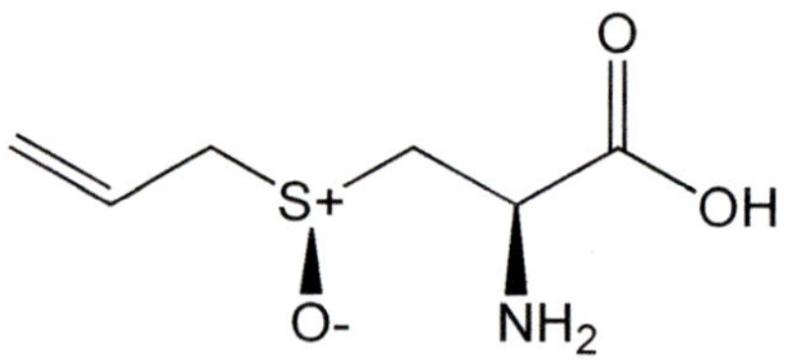

✠ Saponin

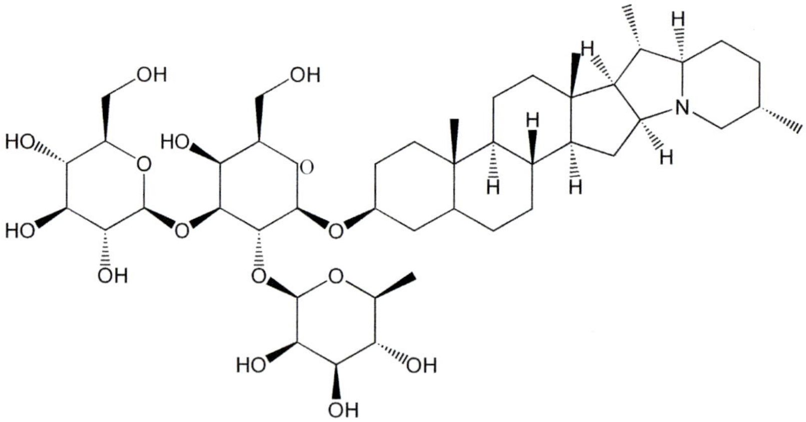

4. 관련논문

김태균, 김승희, 강석연, 정기경, 최돈하, 박용복, 류종훈, 한형미 (2000) 동맥경화유발 토끼와 형질전환 마우스에서 산마늘 추출물의 항동맥경화 효과. 대한생약학회지, 31(2):149-156

박희준 (2005) 산마늘 기능성 활성물질 탐색 및 자원화. 한국자원식물학회지, 18(1):5-16

이성숙, 문서현, 이학주, 최돈하, 조명행 (2004) 산마늘로부터 단리한 kaempferol과 quercetin의 콜레스테롤 저하 활성. 한국목재공학회지, 32(1):17-27

최종원, 이경태, 김원배, 박광균, 정원윤, 이진하, 임상철, 정현주, 박희준 (2005) 식이성 고지혈 및 비만에 대한 산마늘 추출물의 효과. 한국생약학회지, 36(2):109-115

함승시, 최승필, 최형택, 이득식 (2004) 산마늘 추출물의 항돌연변이원성 및 세포독성 효과. 한국식품저장유통학회지, 11(2):221-226

5. 관련특허

김건희, 김재광 (2004) 산마늘 추출물을 함유하는 기능성 음료 및 이의 제조방법, 10-0435229-0000

김태균, 한형미, 김승희, 강석연, 정기경, 최돈하, 박용복, 류종훈 (2003) 산마늘 추출물을 포함하는 동맥경화증 및 고콜레스테롤혈증의 예방 및 치료용 조성물, 10-0387279-0000

박희준, 최종원, 김원배, 박광균, 이진하, 정현주 (2006) 가열건조처리된 산마늘 추출물을 유효성분으로 함유하는 간보호 또는 간질환의 예방 및 치료용 조성물, 10-0633851-0000

박희준, 최종원, 이경태, 김원배, 박광균, 정현주 (2006) 산마늘 추출물을 유효성분으로 함유하는 간염의 예방 및 치료용 조성물, 10-547558-0000

박희준, 최종원, 이경태, 김원배, 박광균, 정현주 (2006) 산마늘 추출물을 유효성분으로 함유하는 당뇨성 질환의 예방 및 치료용 조성물, 10-0543405-0000

산부추

1. 명명

학 명 : *Allium thunbergii G. DON.*

과 명 : 백합과 (Liliaceae)

속 명 : 파속 (Allium)

영 명 : Leek

향 명 : 산구, 후피산구, 왕정구지, 맹산부추

2. 특징

일본, 중국, 대만에 분포하며 경기 강원도 이남으로 산지의 풀밭에서 흔하게 자라는 다년초이다.

비늘줄기는 길이 1.5~3cm, 겉은 황갈색, 꽃줄기는 길이 30~60cm, 밑부분에 길이 20~30cm, 폭 2~5mm인 원통상의 잎이 2~3개 어긋나며, 밑부분은 잎집으로 줄기를 감싼다. 8~9월에 꽃줄기 끝에 자홍색 꽃이 여러개 조밀하게 모여 지름 3~4cm인 둥근 우산모양 꽃차례를 이룬다. 꽃덮이조각은 6개 길이 4~5mm의 긴타원형, 끝이 뾰족하다. 수술은 6개, 꽃덮이보다 길고, 수술대 사이에는 작은 돌기가 있으며, 꽃밥은 보라색, 암술대도 꽃덮이보다 길어 수술과 함께 꽃 밖으로 벋어난다. 열매는 삭과, 막질의 포엽에 싸여 있다. 씨는 검게 익는다.

생것을 잘라 부쳐 먹거나 뿌리채로 실짝 데쳐 무쳐 먹는다. 향신료로도 사용한다.

✱ **효능**
- 당뇨병, 저혈압, 천식, 기침에 효능
- 식중독, 강장, 이뇨, 구충, 해독, 소화, 진통, 강심, 진정, 건뇌 등에 효과

3. 활성성분

✱ **Carotin**

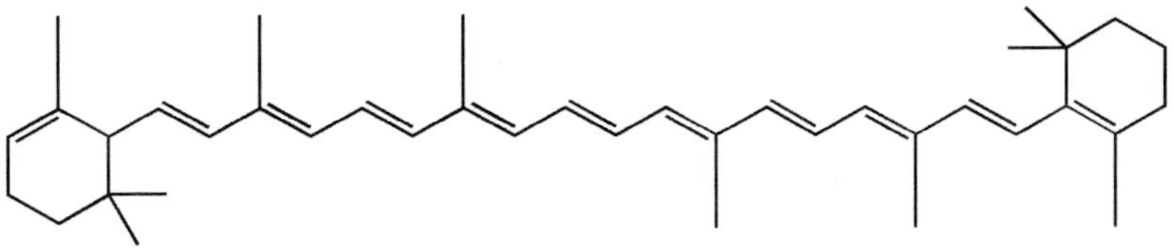

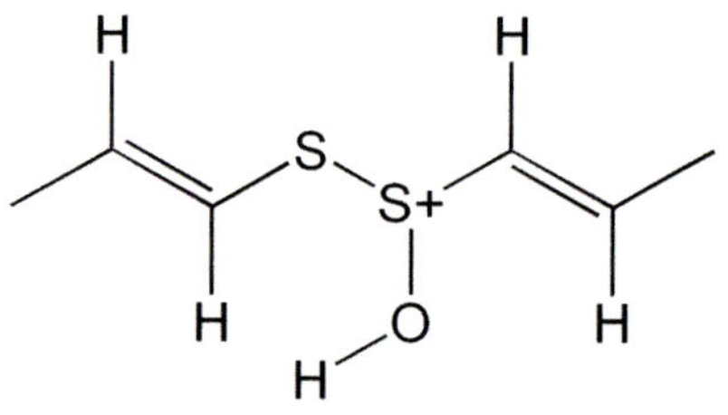

4. 관련논문

- 없음

5. 관련특허

- 없음

산사나무

1. 명명

학 명 : *Crataegus pinnatifida Bunge for. pinnatifida*

과 명 : 장미과 (Rosaceae)

속 명 : 산사나무속 (Crataegus)

영 명 : Large Chinese hawthorn

향 명 : 아가위나무, 아그배나무, 찔구배나무, 찔배나무, 동배나무, 애광나무,
산율자, 산당자, 적과자, 목도자, 찔광이나무

2. 특징

중국 북부, 일본, 시베리아에서 자라는 북방계식물이며, 우리나라 전역의 표고 100~1,250m에서 자란다. 양수이고 적윤지 토양에서 잘 자란다. 보통 습윤한 곳에서는 생육속도가 빠른 편이다. 실제로 야생상태에서는 병충해에 강하나 일반적으로 재배 시에는 약하며 공해에는 잘 견디고 이식이 용이하다. 종자는 종피와 미발육 배유 때문에 이중 휴면을 유도하기 위해 종피 제거후 2년간 노천매장 하였다가 파종하는데 한달간 따뜻한 곳에 두고 세달정도는 4℃ 정도의 온도에 두면 새순이 나온다.

잎은 호생하고 넓은 난형, 삼각상 난형 또는 능상 난형이며 절저 또는 넓은 예저이고 길이 5~10㎝로서 5~9개의 우상으로 깊게 갈라지며 밑부분의 열편은 흔히 중륵까지 갈라지고 양면의 중륵과 측맥에 털이 있으며 표면은 짙은 녹색이고 윤채가 있으며 가장자리에 뾰족하고 불규칙한 톱니가 있다. 엽병은 길이 2~6cm이며 탁엽은 크고 톱니가 있다. 이과(梨果)는 둥글고 지름 1.5cm로서 백색 반점이 있으며 9~10월에 빨갛게 혹은 노랗게 익는다. 열매가 많이 달려 꽃 못지 않게 아름답다.한 개의 이과안에 보통 3-5개의 종자가 들어 있다. 꽃은 잎이 핀 다음 4~5월에 피고 지름 1.8㎝로서 백색 또는 담홍색이며 산방화서는 지름 5~8cm로서 털이 있고 꽃잎은 둥글며 꽃받침잎과 더불어 각 5개이고 수술은 20개이며 꽃밥은 홍색이다. 배꽃같은 작은 꽃이 몇 송이씩 뭉쳐서 핀다. 줄기는 대부분 회색을 띠며 어린줄기에는 예리한 1~2cm 길이의 가시가 있다. 가시가 없는 경우도 있다. 꽃과 열매가 아름다워 정원수나 공원수로 심어도 좋다. 독립수로 적합하며 주택정원의 테라스부근에 식재하여도 좋은 효과를 기대할 수 있다.

열매의 신맛을 살려 떡, 술, 정과 등 별미의 음식을 만드는데도 쓰인다.

✳ 효능
- 소화 촉진 효과
- 건위제, 정장제로 사용

3. 활성성분

✤ Quercetin

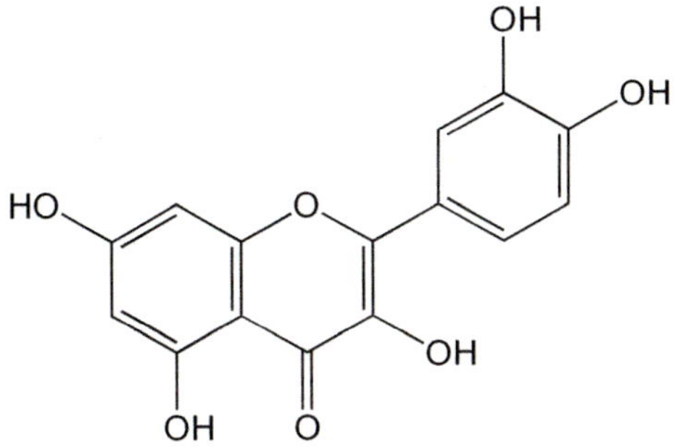

✤ Tannin

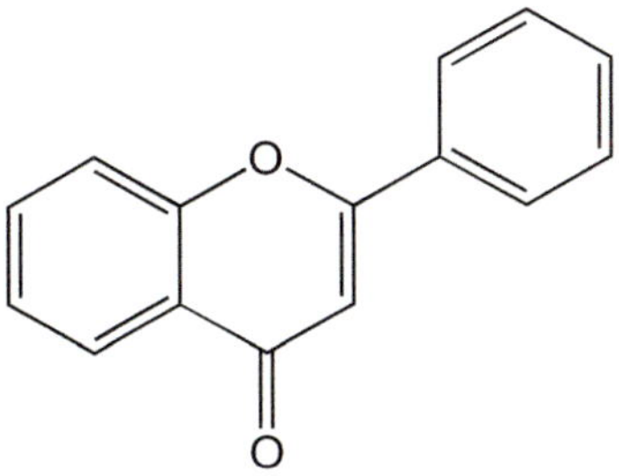

4. 관련논문

강인호, 차자현, 이성완, 김홍진, 권석형, 함인혜, 황보식, 황완균 (2005) 국산 산사나무 잎으로부터 항산화 활성성분의 분리. 한국생약학회지, 36(2):121-128

김정수, 김일혁 (1993) 털 산사나무잎의 약효성분. 대학약학회지, 37(2):193-197

류희영, 김영관, 권인숙, 권정숙, 진익렬, 손호용 (2007) 산사자추출물의 트롬빈 저해 활성. 한국생명과학회지, 17(4):535-539

문홍규 (1990) 산사나무의 액아배양에 의한 식물제 재분화. 산림청 임목육종연구소, 26:75-77

박시우, 육창수, 이형규 (1994) 좁은잎산사나무 열매의 화학성분. 한국생약학회지, 25(4):328-335

오인세, 김일혁 (1993) 좁은산사나무옆의 약효성분(I). 한국약학회지, 37(5):476-482

홍성수, 황지상, 이선아, 한향화, 노재섭, 이경순 (2002) 산사자의 Monoamine
Oxidase 활성 저해 성분. 한국생약학회지, 33(4):285-290

5. 관련특허

교와 핫꼬 기린 가부시키가 (2008) 식물체 분말 함유 식물 추출물의 제조 방법, 10-
0858768-0000

김정하, 김범준, 허문영, 김현표 (2006)산사자 추출물을 함유하는 자유라디칼 소거
용 화장료, 10-0570120-0000

김호용, 주용준, 조진훈, 김중현, 정인우 (2007) 식물 추출물을 함유하는 항산화용
또는 피부자극 완화용화장료 조성물,　10-0782517-0000

백운화, 김문희, 박찬구, 권오협 (1998) 산사와 당근의 추출물을 함유하는 동맥경화
예방 및 완화용조성물, 10-0179089-0000

이진태, 안봉전 (2004) 산사자 추출물을 함유한 기능성 음료 및 그 제조방법, 10-
0441158-0000

산앵도나무

1. 명명

학 명 : *Vaccinium hirtum var. koreanum (NAKAI) Kitam.*

과 명 : 진달래과 (Ericaceae)

속 명 : 산앵도나무속 (Vaccinium)

영 명 : Korean bilberry

향 명 : 산앵두, 물앵도, 쨍나무

사진제공 : 한국야생식물연구회

2. 특징

한국, 만주에 분포하며, 능선지대의 높은 곳 나무 밑에서 주로 군생하는 낙엽 관목이다. 번식은 열매에서 얻는 작은 종자를 이끼 위에 파종, 육묘하여야 하며 근맹아로 나온 묘목을 분주, 증식하면 잘 된다.

어린가지는 붉은색을 띠며 털이 있다. 잎은 어긋나고 넓은 피침형, 넓은 도피침형 또는 난형으로 끝이 날카롭게 뾰족하나 기부는 둥글며, 표면에는 털이 없으나 뒷면 맥위에는 털이 있고 가장자리에 안쪽으로 굽은 잔 톱니가 있다. 꽃은 5~6월에 전년가지 끝에서 나오는 총상화서에 종모양의 분홍색 꽃이 2~3개가 밑을 향해 달리며 끝이 얕게 5개로 갈라져 뒤로 젖힌다. 꽃받침과 수술은 5개씩이고 수술대에 털이 있다. 열매는 둥근형의 장과로써 붉게 익으며 수분이 많다.

과실은 당도가 높아 생식할 수 있으며 잼, 파이, 주스 같은 식품을 만들기도 한다.

* 효능
  - 골장, 하기, 이수의 효능
  - 각기, 소변불리, 양혈해독, 해수토혈의 효능

3. 활성성분

* Cyanidine

❋ Saponin

4. 관련논문

- 없음

5. 관련특허

- 없음

살구

1. 명명

학 명 : *Prunus armeniaca var. ansu MAXIM.*

과 명 : 장미과 (Rosaceae)

속 명 : 살구나무속 (Prunus)

영 명 : Apricot

향 명 : 살구나무, 개살구나무

2. 특징

중국원산으로 한국, 일본, 중국, 몽골, 미국, 유럽 등지에 분포하며, 전국에 서식한다. 살구나무는 내습성이 약하므로 지하수위가 높은 곳이나, 배수 불량한 경사지 과수원에서는 나무가 고사하거나 생육이 불량해진다. 따라서 장마철에는 정체수가 없도록 배수시설에 유의하여야 한다. 일반적으로 살구재배에는 배수가 양호한 사질양토가 적합하지만 배수조건이 좋다면 중점토양에서도 우량품질의 과실을 생산할 수 있다.

잎은 어긋나고 길이 6~8cm의 넓은 타원 모양 또는 넓은 달걀 모양이며 털이 없고 가장자리에 불규칙한 톱니가 있다. 높이는 5m에 달하고, 나무껍질은 붉은빛이 돌며 어린 가지는 갈색을 띤 자주색이다. 꽃은 4월에 잎보다 먼저 피고 연한 붉은 색이며 지난해 가지에 달리고 꽃자루가 거의 없으며 지름이 25~35mm이다. 꽃빛침조각은 5개이고 뒤로 젖혀지며, 꽃잎은 5개이고 둥근 모양이다. 수술은 많으며 암술은 1개이다. 열매는 핵과이고 둥글며 털이 많고 지름이 3cm이며 7월에 황색 또는 황색을 띤 붉은 색으로 익는다.

보통 날로 먹거나 건과, 잼, 통조림, 음료 등을 만들어 먹는다. 종자는 기름을 짜서 먹거나 약으로 쓴다.

✻ 효능

- 고혈압, 반신불수, 간장과 신장의 허약에 효과
- 천식, 진해, 거담, 중풍에 효과적
- 폐 기능강화, 이질, 항암효과 및 변비치료에 효과

3. 활성성분

✻ Catechol

※ Quercetin

4. 관련논문

김영희, 곽재진, 권영주, 양광규 (1990) 살구의 휘발성 성분조성에 대한 분리방법의 영향. 한국식품과학회지, 22(5):543-548

김영희, 김근수, 박준영, 김용태 (1990) 살구에서 배당체의 형태로 존재하는 휘발성 성분. 한국식품과학회지 22(5):549-554

남궁석, 이정윤 (1987) 한국산 살구씨앗의 단백질 및 아미노산 조성. 한국식품영양과학회지, 16(4):306-310

유수정, 김수현, 전미선, 오현택, 최현진, 함승시 (2007) 살구 추출물의 항산화성, 항돌연변이성 및 세포독성 효과. 한국식품저장유통학회지, 14(2):220-225

차월석, 유의경, 김연순 (1993) 식물성 유지의 홀수 지방산에 대하여(호도, 복숭아씨, 살구씨를 중심으로) 한국생물공학회지, 8(1):49-54

5. 관련특허

변성현 (2000) 화장품에 이용하기 위한 천연물에서 추출한 추출물, 10-0272463-0000

이명수 (2005) 건강식품 조성물 및 그의 제조방법, 10-086622-0000

전현철, 전병균, 전원찬, 허관 (2001) 목(죽)초액 조성물의 제조방법 및 이를 이용하여 제조된목(죽)초액 조성물, 10-0272463-0000

삽주 

1. 명명

학 명 : *Atractylodes ovata (Thunb.) DC.*

과 명 : 국화과 (Compositae)

속 명 : 삽주속 (Atractylodes)

영 명 : Japanese atracty-lodes

향 명 : 창출, 백출

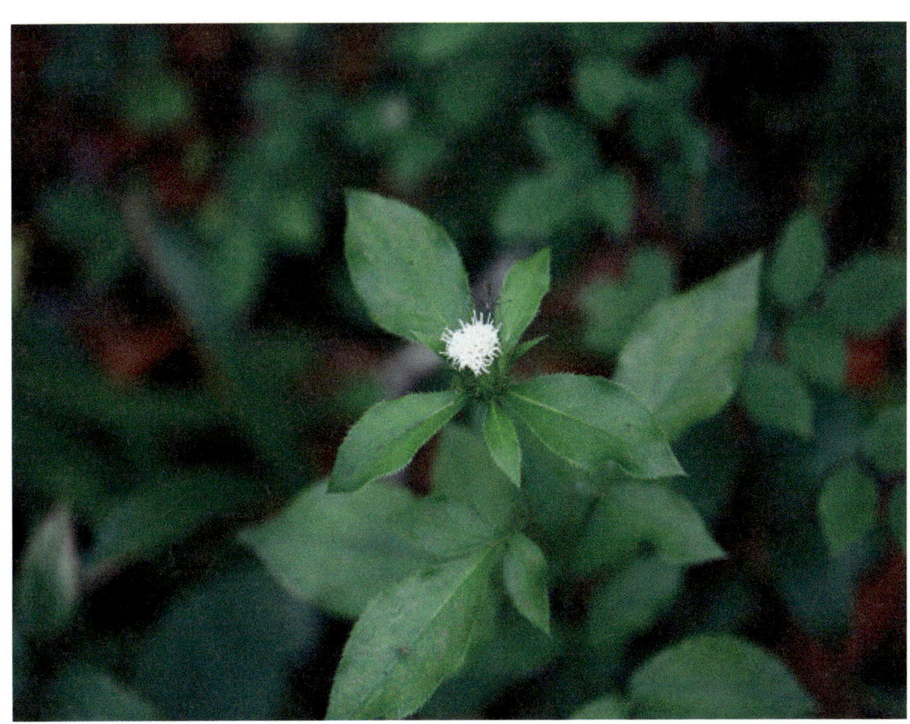

2. 특징

일본, 중국, 만주에 분포하며, 해발 500m 이상의 숲 가장자리나 풀밭에 자란다. 침수지와 배수불량한 곳을 제외한 일반 토양에 재배가능하다. 재배포장에는 10a당 퇴비 300kg를 산포하고 경운 정지한다. 건조한 곳에서는 평휴로 작성하고 강수가 많은 곳에서는 고휴로 작휴한다. 휴간은 일반적으로 130cm로 한다.

어린순은 희고 부드러운 털로 덮여 있으나 뿌리는 굵고 마디가 있다. 뿌리 잎과 밑 부분의 잎은 꽃이 필 때 없어지나, 줄기의 잎은 긴 타원형으로 표면에는 윤채가 있으나 뒷면에는 흰빛이 돌고 가장자리에 짧은 바늘 같은 가시가 있어 3~5개로 갈라지며 잎자루는 길지만, 윗부분의 잎은 갈라지지 않지만 잎자루는 거의 없다. 꽃은 7~10월경 원줄기 끝에서 흰색 또는 홍자색으로 달린다. 열매는 긴 수과로써 털이 있지만, 갈색의 관모는 깃 모양으로 갈라진다.

생채로 쌈을 싸서 먹거나, 어린 잎을 살짝 데쳐 무쳐 먹는다. 날것을 무(나복)와 함께 즙을 내어 먹는다. 건조된 것은 가루내어 무즙에 섞어 먹으면 된다.

❈ **효능**

- 당뇨병, 위무력증, 부종, 해열, 중풍에 효과적
- 고혈압, 의류나 책 곰팡이 제거에 효능

3. 활성성분

❈ Atractylone

❊ Inulin

❊ Saponin

4. 관련논문

강은미, 심기환 (2001) 한국산 삽주의 화학성분. 한국식품저장유통학회지, 8(1):79-85

강은미, 정창호, 심기환 (2001) 한국산 삽주의 기능성. 한국식품저장유통학회지, 8(1):86-91

김일출, 허상선 (2009) 황기, 백출 및 오가피의 항산화성 및 미백효과에 관한 연구. 한국유화학회지, 26(2):110-116

김제훈, 장일무, 전재우, Michio Takido (1989) 창출과 백출에 관한 연구. 한국생약학회지, 20(1):68-69

김청택, 정민환, 문철순, 임영희, 강상진, 조완구 (2005) 백출의 멜라닌 생성억제 물질. 한국생약학회지, 36(1):60-63

박찬성, 김동한 (2008) 황금, 산조인, 백출 추출물의 생리활성. 대한본초학회지, 23(3):41-51

이성옥, 서지희, 이정원, 유미영, 권지웅, 최상운, 강종성, 권대영, 김영균, 김영섭, 유시용 (2005) 백출 추출물의 암세포증식 저해 효과. 한국생약학회지, 36(3):201-204

천연자, 최은영, 윤성찬, 남항우, 백승화, 우원홍 (2001) 백출의 에탄올 추출물에 의한 Melanin 생성억제 효과. 한국약학회지, 45(3):269-275

최은영, 오현주, 박낭규, 천현자, 안종웅, 전병훈, 한두석, 이현옥, 백승화 (2002) 백출 추출물의 세포독성과 항균효과검색. 동의병리학회지, 16(2):348-352

한정훈 (2006) 백출 지상부의 항산화 성분. 대한약학회, 51(2):88-95

5. 관련특허

(주) 엘지생활건강 (2004) 창출 추출물을 함유하는 비듬 예방 및 치료용 모발 제품 조성물, 10-0461098-0000

김기돈 (2009) 생약으로 이루어진 엑기스 건강 보조식품, 10-0904166-0000

김기돈 (2009) 생약재로 이루어진 기혈 건강보조식품, 10-0904167-0000

김현영 (2006) 혈당 강하용 생약 조성물, 이의 제조방법 및 이를 포함하는 약학제재, 10-0542809-0000

김형민 (2009) 피부보호 및 피부질환 개선용 조성물 및 그 제조방법, 10-0881445-0000

김형민, 홍승헌 (2004) 면역 증강용 조성물, 10-0443401-0000

동국대학교 산학협력단 (2007) 백출, 천마, 진피, 복령, 산사 및 희렴을 포함하는 한약제제 혼합물의 동맥경화 및 관련 질환의 예방 및 치료용 추출물 및, 이를 유효성분으로 함유하는 동맥경화 및 관련 질환의 예방 및 치료용 건강식품 조성물, 10-0787175-0000

신승철, 김태붕 (2002) 당뇨병 치료용 조성물, 100-36490-0000

신흥묵 (2006) 반하, 백출, 천마, 진피, 복령, 산사, 희렴 및 황련의 추출물을 유효성
    분으로 포함하는 고혈압 치료 또는 예방용 약제학적 조성물, 10-0577674-
    0000

엄재경, 이태규 (2003) 천연 한약재를 이용한 약주 제조방법, 10-0385322-0000

이남기, 이종호, 박무신, 강철훈, 손낙원, 안홍준 (2004) 생약 추출물을 포함하는 관
    절염 치료 및 예방용 조성물의 제조방법 및 그의 조성물, 10-0429595-0000

최윤석 (2005) 월경 전기 증후군 및 월경통 완화의 기능을 갖는 효모추출물, 이를 포
    함하는 조성물 및 이들의 제조 방법, 10-0487887-0000

학교법인 건국대학교 (2006) 항알레르기 효과를 가지는 백출 추출물, 10-0543075-
    0000

한경택 (2008) 생약제 백출로부터 유효성분의 분리 정제, 10-0805662-0000

삿갓나물

1. 명명

학 명 : *Paris verticillata BIEB.*
과 명 : 백합과 (Liliaceae)
속 명 : 삿갓나물속 (Paris)
영 명 : Verticillate Paris
향 명 : 삿갓풀, 자주삿갓풀

2. 특징

한국, 일본, 중국, 시베리아, 사할린, 내몽고에 분포한다. 부식질이 많은 점질 양토가 있는 깊은 산 나무그늘에서 자란다.

근경끝에서 원줄기가 나와 외대로 자라고, 높이 20~40cm정도 자라며 끝에서 6~8개의 잎이 윤생한다. 잎은 피침형, 좁고 긴 타원형 또는 넓은 피침형이며 길이 3~10cm, 폭 1.5~4cm로서 끝이 갑자기 뾰족해지고 거치는 없으며 밑부분이 점차 좁아져서 직접 원줄기에 닿고 주맥은 3개이며 털이 없다. 뿌리의 근경은 옆으로 길게 뻗고 마디마다 잔뿌리가 몇 개씩 뻗는다. 꽃은 6~7월에 피며 윤생엽 중앙에서 한 개의 화병이 나와 끝에 1개의 꽃이 하늘을 향해 피고, 화병은 길이 5~15cm정도 된다. 외화피는 4~5개이며 넓은 피침형 내지는 좁은 난형이고 길이 2~4cm, 폭은 5~15mm로서 녹색이며 내화피는 실같은 선형에 끝이 뾰족하고 길이는 1.5~2cm로시 누른 빛 이 돌며 나중에는 밑으로 처지고 수술은 8~10개로서 길이 5~7mm이고 꽃밥은 길이 5-8mm이며 약격(葯隔)은 뾰족하게 길어지고 길이 5~7mm이다. 암술대는 4개이며 자방은 검은 자갈색이고 장과는 둥글며 자흑색이다. 종자는 많이 들어 있다.

독성이 있는 식물로 특히, 뿌리에 독성이 많다.

✤ 효능

- 청열, 해독, 평천지해에 효능
- 항암작용, 부종 완하 및 통증 치료에 효과적
- 인후염, 삔데, 낙상, 타박상 치료

3. 활성성분

✠ Dioscin

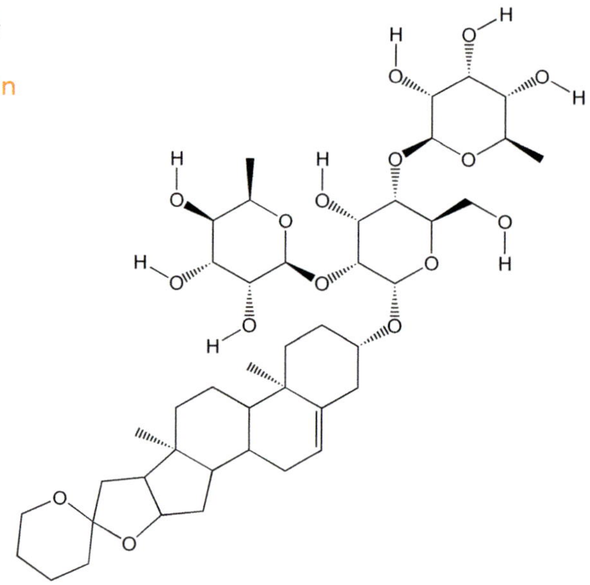

✠ Pariphyllin

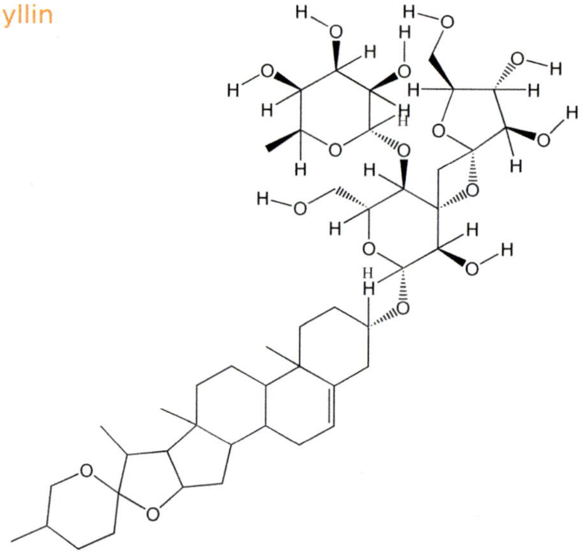

4. 관련논문

- 없음

5. 관련특허

- 없음

솜방망이

1. 명명

학 명 : *Tephroseris kirilowii (Turcz. ex DC) Holub*

과 명 : 국화과 (Compositae)

속 명 : 솜방망이속 (Tephroseris)

영 명 : Kirilow graundsel

향 명 : 들솜쟁이, 구설초(拘舌草), 산방망이, 소곰쟁이

2. 특징

　　한국, 일본, 중국, 타이완에 분포하며, 전국 각지의 건조한 양지에서 자란다. 건조한 양지에서 자란다. 비교적 토양은 가리지 않는 편이며, 어디서나 잘 자라고, 양성식물로 노지에서 월동 생육한다. 보통으로 관수 관리한다. 환경내성, 이식성은 보통이다. 실생으로 번식한다.

　　높이 20~65cm까지 자라며 원줄기에 흰색 털이 빽빽이 나고 자줏빛이 돈다. 뿌리에서 나온 잎은 로제트형으로 퍼지고 긴 타원형 또는 달걀을 거꾸로 세운 듯한 모양으로 밑부분이 좁아져 잎자루처럼 된다. 잎 가장자리가 밋밋하거나 잔 톱니가 있으며 양면에 많은 솜털이 있다. 줄기에서 나온 잎은 밑에서는 뿌리에서 나온 잎과 비슷하며 바소꼴로 끝이 둔하고 가장자리에 둔한 톱니가 있으나 위로 올라가면서 점차 작아진다. 꽃은 5~6월에 피고 노란색이며 두화(頭花)는 지름 3~4cm로서 3~9개가 산방상 또는 산형(傘形) 비슷하게 원줄기 끝에 달린다. 설상화는 1줄로 배열하고 꽃자루에 흰 털이 있다. 열매는 수과로서 털이 있고 6월에 익으며 관모는 길이 11mm 정도이다.

　　봄에 어린순을 나물로 먹는다. 쓴맛이 나고 유독성분이 함유되어 있으므로 데쳐서 흐르는 물에 하루가량담가 충분히 우려낸 다음 조리해야 한다. 고장에 따라서는 데쳐서 잘 우려낸것을 잘게 썰어 쌀과 섞어서 나물밥을 지어먹기도 한다. 독성식물의 하나이므로 특히 조심해야 한다.

✳ 효능
- 해열 및 거담제로 사용

3. 활성성분

✳ Carthamidin

�* Jacobine

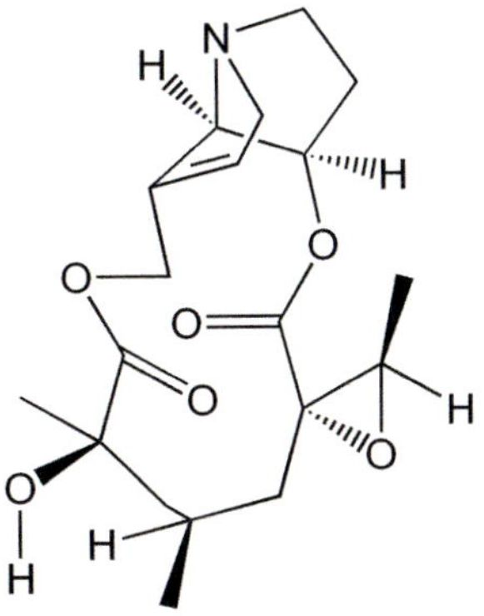

�* Retrosine

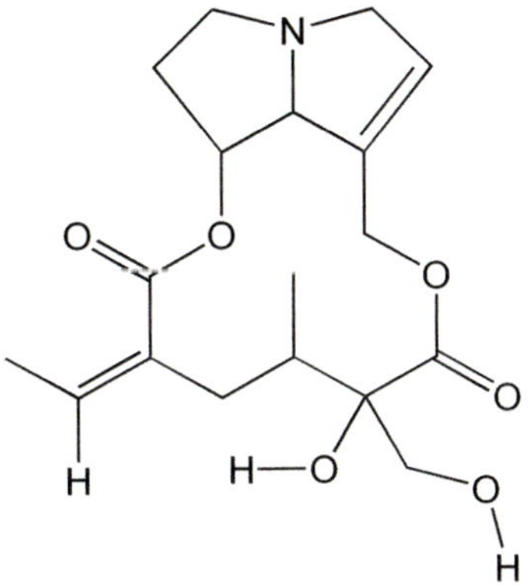

�* Rosmarinine

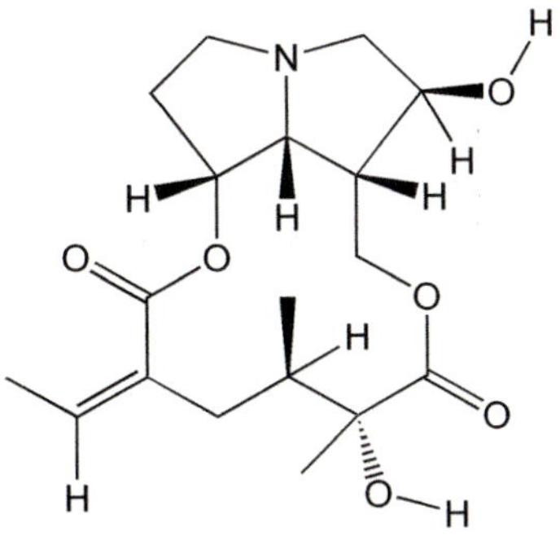

4. 관련논문

- 없음

5. 관련특허

주식회사 동부하이텍 (2006) 벤즈이미다졸 유도체로 치환된 벤조피란 유도체 또는
약학적으로 허용되는 그의 염, 이의 제조 방법 및 이를 포함하는 약학적 조성
물, 10-0545780-0000

수리취

1. 명명

학 명 : *Synurus deltoides Nakai*
과 명 : 국화과 (Compositae)
속 명 : 수리취속 (Synurus)
영 명 : Triangularis synurus
향 명 : 개취, 불열엽산우방, 떡취, 산우방(山牛蒡)

2. 특징

한국, 일본, 중국, 시베리아에 분포하며, 전국 각지의 산지의 양지에서 자란다. 채종 후 건조 보관하였다가 이듬해 봄에 파종하며, 배수가 양호한 곳에 식재하면 좋다.

높이는 40~100cm로서 윗부분에서 2~3개의 가지가 갈라진다. 줄기는 자줏빛이 돌고 능선이 지며 흰 털이 빽빽이 난다. 줄기에서 나온 잎은 어긋나게 달린다. 밑부분의 잎은 달걀 모양 또는 달걀 모양 긴 타원형으로 끝이 뾰족하고 밑부분이 둥글며, 표면에는 꼬불꼬불한 털이 있으나 뒷면에서는 흰색의 솜털이 빽빽이 나고 가장자리에는 일그러진 모양의 톱니가 있으며 잎자루는 좁은 날개가 있거나 없다. 윗부분의 잎은 점차 작아지나 잎자루는 점차 짧아져서 없어진다. 꽃은 9~10월에 피고 두화(頭花)가 원줄기 끝이나 가지 끝에서 옆을 향하여 달린다. 두화는 지름 5cm 정도이며 자줏빛 통상화로 된다. 총포는 종 모양이고 갈색빛을 띤 자주색 또는 검은녹색이며 거미줄 같은 흰 털로 덮여 있다. 열매는 수과로서 11월에 익으며 갈색의 관모가 있다.

어린 잎을 살짝 데쳐 무쳐 먹거나 끓여 먹는다. 녹색과 향기를 내는 떡 재료로 사용한다. 나물을 뜨거운 물에 데쳐 햇볕에 말려 묵나물로 사용한다.

✽ 효능

- 항염증, 항산화 활성
- 암세포 독성 억제 효과

3. 활성성분

✽ Taraxasterol

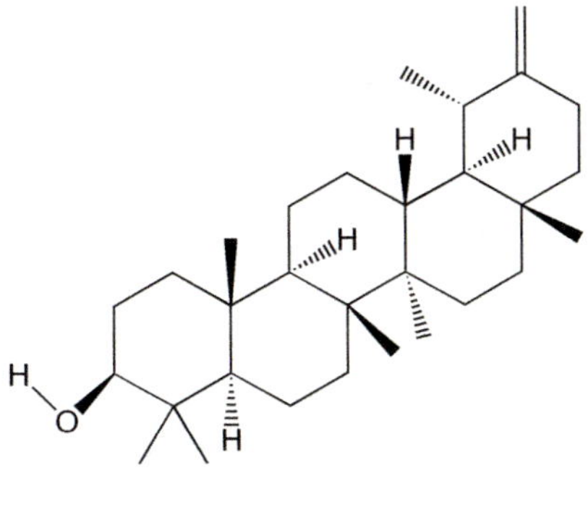

4. 관련논문

박준현, 손건호, 김성완, 장현욱, 배기환, 강삼식, 김현표 (2005) 수리취의 항 염증활성. 영남대학교 약품개발연구소, 15:11-14

최승필, 이의용, 전윤영, 이효진, 문선영, 이득식, 함승시 (2002) 수리취 추출물의 항산화 활성 및 세포독성 효과. 국제학술심포지움 쌀박람회, pp137-138

최영환, 손건호, 장현욱, 배기환, 강삼식, 김현표 (2005) 항 염증활성을 가지는 수리취추출물의 새로운 formulation. 영남대학교 약품개발연구소, 15:180-185

함승시, 한홍시, 최근표, 오덕환 (1997) 각종 변이원들에 의해 유도된 돌연변이원성에 대한 수리취 추출물의 억제작용. 한국식품영양과학회지, 26(3):528-533

5. 관련특허

㈜ 홍림통산 (2007) 과실 발효물 및 이를 함유하는 항암용 약학적 조성물, 10-0759773-0000

배기환, 강삼식, 손건호, 김현표, 장현욱 (2005) 수리취 추출물을 유효성분으로 함유하는 항류마티스 효과를 가지는 조성물, 10-0541249-0000

쑥

1. 명명

학 명 : *Artemisia princeps Pamp. var. ORIENTALIS.*

과 명 : 국화과 (Asteraceae, Compositae)

속 명 : 쑥속 (Artemisia)

영 명 : mugwort

향 명 : 애호, 봉애, 봉, 구초, 약쑥, 사재밭쑥, 타래쑥, 바로쑥

2. 특징

　　세계에 널리 분포하며, 각지의 낮은 사과 산기슭, 들에서 널리 자란다. 토양은 물빠짐이 좋고 토양공극이 비교적 큰 땅으로 모래가 많이 있는 땅에서 잘 자라며, 습지보다는 건조한 것을 좋아한다. 햇볕을 좋아하나 약간 그늘진 곳에서도 비교적 잘 자란다. 옛날 농부들은 쑥이 잘되는 땅에서 농사가 잘 된다고 했고, 쑥의 뿌리가 새로 뻗어 나가는 것을 보고 기상관측도 했다고 한다. 추위에 견디는 힘이 대단히 강하여 겨울 재배 시 약간의 시설로도 온도가 영하로 내려가지 않는 한 잘 자란다.

　　높이는 60~120cm이며, 아르테미시아속에 속한 식물 중 쑥과 겉모습이 비슷한 것은 모두 쑥이라고 한다. 이중 특히 뜸에 사용하는 종을 참쑥이라고 하여 구별한다. 쑥 종류는 거의 비슷하기 때문에 구별하기 어려우나, 두화(頭花)의 크기와 잎의 모양 등으로 구분한다. 참쑥은 쑥과 비슷하지만 잎 겉면에 흰 털이 난 점이 있어 구별한다. 쑥은 쑥 종류 중 가장 흔하게 자라는 것을 가리킨다. 줄기에 능선이 있으며 전체에 거미줄 같은 털이 빽빽이 난다. 뿌리줄기가 옆으로 벋으며 싹이 나와 무리지어 난다. 줄기에 달린 잎은 어긋나고 헛턱잎[假托葉]이 있으며 타원형이고 길이 6~12cm, 나비 4~8cm이다. 깃처럼 갈라지며 갈래조각은 2~4쌍이지만 위로 올라가면서 잎이 작아지고 갈래조각의 수도 줄어 단순한 잎으로 된다. 꽃이삭에 달린 잎은 줄 모양이다. 꽃은 7~9월에 연한 붉은 자줏빛으로 피는데, 길이 2.5~3.5mm이고 두화가 한쪽으로 치우쳐서 달리며 전체가 원추꽃차례로 된다. 총포는 긴 타원형의 종 모양이며 길이 2.5mm, 지름 1.5mm로서 거미줄 같은 털이 난다. 포조각은 4줄로 늘어서며 바깥조각은 달걀 모양, 안조각은 긴 타원형이다. 열매는 수과로서 10월에 익으며 길이 약 1.5mm이다.

✳ 효능

- 보혈강장제, 피부병, 호흡기질환, 위장병, 신경질환, 알레르기에 효과적
- 지혈, 온경, 이담, 해열, 진통, 설사, 월경불순, 토혈, 감기, 복통 등에 효과적
- 구강병 원인균에 대한 향균 작용효과
- KB세포 증식 억제효과, 항산화 활성 및 아질산염 소거작용

3. 활성성분

✤ Cineol

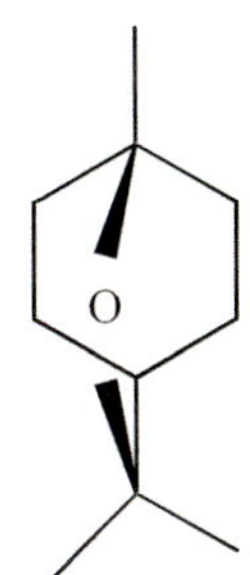

4. 관련논문

강정옥 (2000) 쑥 추출물의 사람 Low Density Lipoprotein 에 대한 항산화능. 한국
조리과학회지, 16(6):623-628

김주희, 김미경 (1999) 깻잎, 쑥, 참취의 건분 및 에탄올 추출물이 흰쥐의 지방대사와
항산화능에 미치는 영향. 한국영양학회지, 32(5):540-551

박찬성, 권충정, 최미애, 박금순, 최경호 (2002) 쑥과 솔잎의 항산화작용 및 아질산
염 소거작용. 한국식품저장유통학회지, 9(2):248-252

박찬성, 권충정, 최미애, 최경호, 박금순 (2002) 동충하초, 쑥 및 솔잎 추출물의 항균
작용. 한국식품저장유통학회지, 9(1):102-108

안병용 (1992) 쑥으로부터 추출한 정유의 항균효과. 한국식품위생안전성학회지,
7(4):157-160

엄현섭, 김철현, 임예현, 강은범, 김범수, 김승석, 박준영, 조준용 (2006) 쑥 추출물
SOL 2 투여가 허혈과 재 관류에 의해 유도된 세포사멸에 미치는 영향. 한국
운동영양학회지, 10(3):233-241.

이상준, 유익동, 이인경, 정하열 (1999) 쑥의 에탄올 추출물에 함유된 Flavonoid들의
분리 및 동정과 이들의 항산화 효과. 한국식품과학회지, 31(3):815-822

이성동, 박홍현 (2000) 쑥 첨가급식이 흰쥐의 혈청 성분에 미치는 영향. 한국식품영
양학회지, 13(5):446-452

이성동, 박홍현, 김동원, 방병호 (2000) 쑥(艾) 의 생리활성 물질과 이용. 한국식품영
　　　양학회지, 13(5):490-505

이종호, 양한석, 박종철, 유영법 (1994) 쑥에서 분리한 Phenylpropanoid 화합물. 한
　　　국생약학회지, 25(1):70-72

임상선, 이종호 (1997) 쑥 수용성 추출물의 심혈관 및 혈압에 대한 활성 연구. 한국영
　　　양학회지, 30(6):634-638

정봉환, 조용구 (2006) 수집 선발한 쑥으로 만든 쑥차와 시판차의 항산화력 비교. 한
　　　국작물학회지, 51(1S):215-219

정혁, 김상기, 김상국, 성미영, 김현정, 김범학, 김유영 (2004) 흡연 시 인삼, 쑥, 솔잎
　　　추출물이 폐 세포의 구조와 항산화 효소에 미치는 영향. 한국생물공학회지,
　　　19(2):138-142

정현수, 차민경, 권윤정, 소재성 (2005) 쑥 추출물의 포도상구균과 질 유산균에 대한
　　　선택적 저해효과. 한국생물공학회지, 20(3):228-232

조민정, 민경진 (2007) 들깨잎과 쑥 추출물의 구강병 원인균에 대한 항균 및 KB 세
　　　포 증식 억제효과. 한국환경보건학회지, 33(2):115-122

최병범, 이혜정, 방선권 (2004) 쑥 추출물의 아미노산, 당 분석 및 항산화 효과에 관
　　　한 연구. 한국식품영양학회지, 17(1):86-91

최용민, 정봉환, 이준수, 조용구 (2006) 쑥 수집종의 항산화력. 한국작물학회지,
　　　51(1S):209-214

한영실, 김순임, 박혜진 (1997) 쑥으로부터 항균성화합물의 분리 및 동정. 한국조리
　　　과학회지, 13(2):255-255

황윤경, 김동청, 황우익, 황용봉 (1998) 쑥 추출성분의 암세포 증식 억제 효과. 한국
　　　영양학회지, 31(4):799-808

5. 관련특허

(주) 애경산업 (2003) 쑥 추출물을 함유하는 아토피성 피부용 화장료 조성물. 10-
　　　0377262-0000

(주) 지엘팜텍 (2009) 고함량의 유파틸린을 함유하는 쑥 추출물의 제조방법, 10-
　　　0900725-0000

(주) 코스맥스, (주) 파인엠 (2006) 쑥 추출물을 함유하는 천연 방부제, 10-0615892-0000

고려대학교 산학협력단 (2007) 쑥에서 분리된 산성 다당류를 함유하는 피부 여드름 간균과아토피 황색 포도상 구균의 인체 세포결합 저해용 조성물, 10-0791420-0000

대한민국 (2005) 쑥 추출액을 함유하는 강정용 보존제. 등록번호: 10-0514429-0000

박오하, 박순직 (2002) 쑥을 함유한 금연보조제, 10-0332840-0000

인제대학교 산학협력단 (2007) 항염증 활성을 갖는 쑥으로부터 분리된 수용성 분획물, 10-0761705-0000

충북대학교 산학협력단 (2008) 높은 항산화성 쑥 엑기스의 특성 및 제조방법, 10-0829048-0000

쑥부쟁이

1. 명명

학 명 : *Aster yomena (Kitam.) Honda*

과 명 : 국화과 (Asteraceae, Compositae)

속 명 : 참취속 (aster)

영 명 : Aster

향 명 : 권영초

2. 특징

한국, 중국, 일본, 시베리아 등지에 널리 분포하며, 전국의 산과 들, 약간 습한 길가 구릉지나 산기슭에 자생한다.

높이는 30~100cm이며, 뿌리줄기가 옆으로 뻗는다. 원줄기가 처음 나올 때는 붉은빛이 돌지만 점차 녹색 바탕에 자줏빛을 띤다. 뿌리에 달린 잎은 꽃이 필 때 진다. 줄기에 달린 잎은 어긋나고 바소꼴이며 가장자리에 굵은 톱니가 있다. 겉면은 녹색이고 윤이 나며 위쪽으로 갈수록 크기가 작아진다. 꽃은 7~10월에 피는데, 설상화(舌狀花)는 자줏빛이지만 통상화(筒狀花)는 노란색이다. 두화는 가지 끝에 1개씩 달리고 지름 2.5cm이다. 총포는 녹색이고 공을 반으로 자른 모양이며, 포조각이 3줄로 늘어선다. 열매는 수과로서 달걀 모양이고 털이 나며 10~11월에 익는다. 관모는 길이 약 0.5mm로서 붉은색이다.

어린순을 데쳐서 나물로 먹거나 기름으로 볶아 먹기도 한다. 줄기는 껍질을 벗겨 장아찌로도 만들어 먹는다. 뿌리와 잎, 줄기 모두 약재로 쓰인다.

✠ 효능

- 항염증, 항산화 효과
- 항암 활성

3. 활성성분

✠ Kaempferol

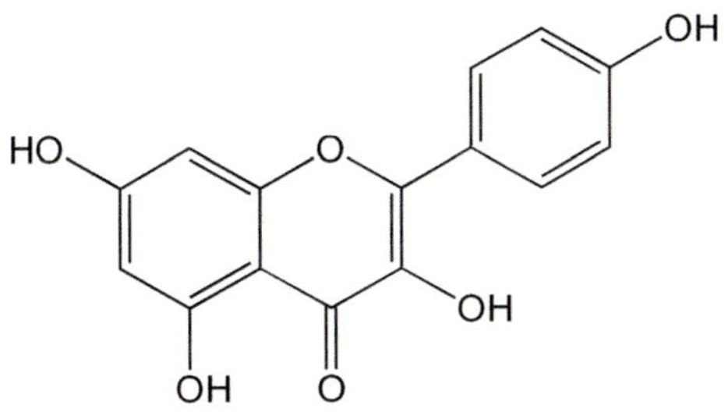

✤ Quercetin

4. 관련논문

김달중, 육창수 (2001) 쑥부쟁이 꽃의 정유 성분. 경희대학교 약학대학논문집, 29:9-11

박재호, 권정우, 이희경, 김대섭, 정진부, 남기흠, 정규영, 정형진 (2004) 수확 시기별 물엉겅퀴, 섬쑥부쟁이, 참취의 성분 및 항산화특성. 한국자원식물학회지. 17(1):69-71

우정향, 정헌상, 유정식, 장영득, 이철희 (2008) 자생 쑥부쟁이속 식물 4종 추출물의 항산화 효과. 한국자원식물학회지, 21(1):52-59

육창수, 박상용, 김달중 (1992) 쑥부쟁이의 성분연구. 한국생약학회지, 23(1):56-56

정복미, 임상선, 박윤자, 배송자 (2005) 쑥부쟁이 분획물의 in vitro 암세포증식 억제 및 QR 유도효과. 한국식품영양과학회지, 34(1):8-12

천상욱, 김도익, 최용수 (2003) 수종의 국화과 식물의 지상부 추출물로부터 살충 및 항균활성 연구. 한국잡초학회지, 23(2):81-98

5. 관련특허

김규석 (2006) 비만 예방 및 치료 효과를 보이는 해국 추출물, 10-0651859-0000

씀바귀

1. 명명

학 명 : *Ixeridium dentatum (Thunb. ex Mori) Tzvelev*

과 명 : 국화과 (Asteraceae, Compositae)

속 명 : 씀바귀속 (Ixeridium)

영 명 : Korean ixeris

향 명 : 고채(苦菜), 황매채, 고고채, 씸배나물, 고채아, 쓴귀물, 싸랑부리

2. 특징

일본, 만주, 중국, 대만, 필리핀에 분포한다. 들이나 산기슭 또는 낮은 산의 길가에서 흔히 볼 수 있다. 씀바귀는 습기에는 비교적 약하나 건조에는 잘 견디며 저온성 식물로 토양을 크게 가리지 않는 편으로 햇빛이 잘 쪼이며 배수가 잘 되는 비옥한 토양인 사양토에서 생육이 양호하므로 이러한 조건을 구비한 토양을 선택하도록 한다.

높이가 25~50cm이며, 줄기는 가늘고 위에서 가지가 갈라지며 자르면 쓴맛이 나는 흰 즙이 나온다. 뿌리에 달린 잎은 뭉쳐나며 거꾸로 선 바소 모양이고 꽃이 필 때까지 남아 있다. 잎자루가 있으며 끝이 뾰족하고 가장자리에 이 모양의 톱니가 있거나 깊이 패어 들어간 흔적이 있다. 줄기에 달린 잎은 2~3개로서 바소꼴이거나 긴 타원 모양 바소꼴이며 길이 4~9cm이다. 밑 부분이 원줄기를 감싸며 가장자리에 이 모양의 톱니가 있다. 꽃은 5~7월에 노란색으로 피며 지름 약 1.5cm이고 줄기 끝에 산방꽃차례로 달린다. 설상화(舌狀花)는 보통 5개씩이지만 많은 것도 있다. 총포는 길이 약 8mm, 지름 2.5~3mm로서 통 모양이며 털이 없다. 바깥조각은 길이 약 1mm이고 안 조각은 줄 모양이며 5~8개이다. 작은 포는 길이 9.5~12mm이다. 열매는 수과(瘦果)로서 10개의 능선이 있으며 관모는 길이 4~4.5mm로서 연한 노란색이다. 번식은 종자나 포기나누기로 한다.

쓴맛이 있으나 이른 봄에 뿌리와 어린순을 나물로 먹고 성숙한 것은 진정제로 쓴다. 쓴맛이 있으나 그 독특한 풍미 때문에 이른 봄에 채취한 뿌리와 어린순은 나물로 먹는다. 최근엔 씀바귀가 성인병 예방에 탁월한 효과가 있는 것으로 알려져 주목을 끌었다.

✳ 효능
- 해열, 건위, 폐렴, 간염, 종기의 치료제로사용
- 항암효과와 콜레스테롤을 저하시키는 효능
- 항 스트레스, 항 알레르기 효과

3. 활성성분

✻ Hyocyamine

✻ Lactucin

4. 관련논문

김명조, 김주성, 강원희 (2002) 씀바귀 생즙 추출물의 생리활성. 한국식품영양과학
회지, 31(5):924-930

김명조, 김주성, 강원희 (2002) 씀바귀의 항 돌연변이성 및 암세포 성장억제효과. 한
국약용작물학회지, 10(2):139-143

김명조, 김주성, 정동명 (2002) 씀바귀 뿌리 추출물의 항산화성, 항돌연변이원성 및
항암활성 효과. 한국약용작물학회지, 10(3):222-229

김주성, 이희경, 조미애, 함승시, 정동명, 송원섭, 김명조 (2002) 씀바귀 뿌리 추출물
의 생리활성. 한국작물학회 학술발표대회, pp327

박종희, 최재수, 박희준, 윤세영, 곽태순 (1995) 산씀바귀의 Triterpenoid 성분조성.
　　한국약용작물학회지, 3(2):151-155

윤광로, 김준평, 정강현 (1994) 한국산 씀바귀의 Flavonoid 성분에 관한 연구. 한국
　　식생활문화학회지, 9(2):131-136

이가순, 김관후, 김현호, 김은수, 박혜민, 오만진 (2009) 열처리 가공 조건에 따른 씀
　　바귀 침출차의 생리활성. 한국식품영양과학회지, 38(4):496-501

정동명, 김형민, 김중만 (2002) 암과 스트레스를 이기는 신초 씀바귀의 항산화요법.
　　한국정신과학학회지, 6(1):69-81

5. 관련특허

(주) 나드리화장품(2005) 나노리포좀으로 안정화된 씀바귀 및 고마리 추출물을 함유
　　하는 화장료 조성물, 10-0532010-0000

유기석 (2005) 씀바귀를 이용한 금연용 담배, 10-0502611-0000

충남대학교 산학협력단 (2004) 씀바귀뿌리 열수 추출물로부터 저분자량 엔지오텐신
　　전환효소 저해제를 제조하는 방법 및 상기 방법에 의해 제조된 저분자량 엔
　　지오텐신전환효소 저해제를 함유하는 식품, 10-0447534-0000

학교법인 경희학원, 주식회사 싸이제닉 (2006) 흰씀바귀로부터 추출된 세스퀴테르
　　펜 락톤 화합물을 함유하는 심혈관 질환 예방 및 치료용 조성물, 10-
　　0552109-0000

홍진천 (2005) 나노리포좀으로 안정화된 씀바귀 및 고마리 추출물을 함유하는 화장
　　료 조성물, 10-0532010-0000

어수리

1. 명명

학 명 : *Heracleum moellendorffii Hance*

과 명 : 산형과 (Umbelliferae)

속 명 : 어수리속 (Heracleum)

영 명 : Hogweed, Cow parsnip

향 명 : 단모백지, 단모독활, 백지

2. 특징

한국, 일본, 만주, 중국에 분포하며, 전국의 산과 들, 주로 깊은 산에 흔히 자란다. 대개 고산의 계곡을 따라 많이 분포되어 있고, 정상부근 음지쪽에도 소군락이 있는 경우도 있다. 어수리를 파종한 뒤에는 물을 흠뻑 주고 야산의 부엽토를 덮어주는 것이 좋다. 야산 부엽토는 토양과 비료질이 많아 덮어주는 것이다.

줄기는 곧게 서고 높이가 70~150cm이며 속이 빈 원기둥 모양이고 세로로 줄이 있으며 거친 털이 있고 굵은 가지가 갈라진다. 잎은 어긋나고 3~5개의 작은 잎으로 구성된 깃꼴겹잎이며 털이 있고 줄기 위로 올라갈수록 잎자루가 짧아지며 밑 부분이 넓어 줄기를 감싼다. 끝에 달린 작은 잎은 심장 모양이고 3개로 갈라지며, 옆에 달린 작은 잎은 넓은 달걀 모양 또는 삼각형이고 길이가 7~20cm이며 2~3개로 갈라지고 가장자리에 깊이 패어 들어간 톱니가 있다. 꽃은 7~8월에 흰색으로 피고 가지와 줄기 끝에 복산형 꽃차례를 이루며 달린다. 꽃차례는 20~30개의 꽃자루가 다시 작은 꽃자루로 갈라져서 각각 25~30개의 꽃이 달린 모양이고, 가장자리에 달린 꽃이 가운데에 달린 꽃보다 크다. 꽃잎은 6개이고 크기가 서로 다른데, 바깥쪽의 꽃잎이 안쪽 꽃잎보다 크다.

연한 잎과 줄기 생것을 쌈으로 먹는다.

✠ 효능

- 근육통, 관절염, 요통에 효과
- 피부가려움증, 종기, 두통, 오한, 발열 등에 사용

3. 활성성분

✠ Apiin

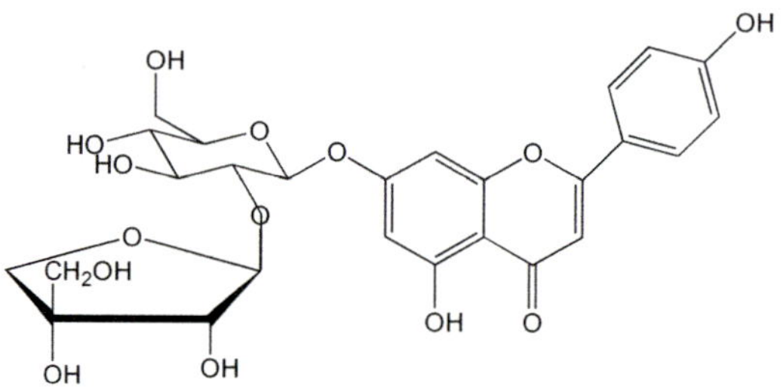

✖ Conhydrine

✖ Coniine

✖ Saponin

4. 관련논문

권용수, 조혜영, 김창민 (2000) 어수리의 성분. 대한약학회지, 44(6):521-527

김창길 (1998) 어수리의 미숙배로부터 형성된 체세포배의 자엽수에 미치는 Cytokinin의 영향. 경북대학교 농업과학기술연구소, 16:31-36

김창민, 윤혜숙, 권용수 (1995) 백지 BuOH 가용분획의 항혈전 활성에 관한 연구. 한국생약학회지, 26(1):74-77

송동근, 김지연, 이경선, 서창섭, 양지진, 정진섭, 김효진, 장현욱, 손종근 (2005) 백지로부터 패혈증 억제물질의 분리 구조결정. 영남대학교 약품개발연구소 연구업적집, 15(-):219-221

유시용, 김진철, 김영섭, 김흥태, 김성기, 최경자, 김정섭, 이선우, 허정희, 조광연 (2001) 당귀와 백지로부터 분리한 Coumarin계 물질들의 식물병원균에 대한 항균활성. 한국농약과학회지, 5(3):26-35

이양숙, 장상민, 김남우 (2007) 백지의 항산화성 및 생리기능. 한국식품영양과학회 지, 36(1):20-26

임강현, 김명규, 이세나, 임종필 (2007) 백지의 사람비만세포 사이토카인 및 케모카 인 발현 양상. 대한본초학회지. 22(1):81-87

주은영, 김남우 (2005) 마이크로웨이브 추출조건에 따른 백지 추출물의 폴리페놀함 량과 항산화 작용. 한국식품저장유통학회지, 15(1):133-138

진무현, 정민환, 임영희, 이상화, 강상진, 조완구 (2004) 백지의 콜라겐 생성 촉진 물 질. 한국생약학회지, 35(4):315-319

5. 관련특허

(주) 코스메카코리아, (주) 바이오랜드 (2009) 백지, 오매, 반하 및 류기노 추출물을 함유하는 미백화장료 조성물, 10-0914963-0000

(주) 한불화장품 (2002) 백지, 고본 추출물 및 이 추출물을 함유하는 화장료 조성물, 10-0361592-0000

김진석, 최정섭, 김진철, 민석기 (2009) 폴리아세틸렌계 화합물을 함유하는 유해 조 류 방제용 조성물, 10-0911322-0000

은재순, 곽용근, 김대근, 정영훈, 유동진 (2006) 소라렌 또는 그 유도체를 포함하는 부정맥의 예방 및 치료용 조성물, 10-0627828-0000

왕원추리

1. 명명

학 명 : *Hemerocallis fulva for. kwanso (REGEL) Kitam.*

과 명 : 백합과 (Liliaceae)

속 명 : 원추리속 (Hemerocallis)

영 명 : Fulvous day lilly

향 명 : 훤초

2. 특징

중국이 원산지이며, 우리나라, 중국, 일본 등지에 분포하고 산지나 초원에서 자란다. 생태상으로는 약간 그늘과 적당한 습지를 좋아하는데 정원이나 절화로서의 용도에 맞도록 재배할 경우 별 어려움 없이 전국 어디서나 생육이 잘 된다.

뿌리는 노란색이고 양 끝이 뾰족한 원기둥 모양으로 굵어진다. 잎은 뿌리에서 나와 2줄로 배열되어 마주나고 넓은 줄 모양이며 털이 없다. 꽃줄기는 잎 사이에서 나와 1m내외로 자라고 윗부분이 갈라져서 꽃과 포(苞)가 달린다. 작은 꽃줄기는 길이 2cm 정도이고, 꽃은 길이 10cm, 지름 10cm 정도로 노란빛이 도는 주황색이며 7~8월경에 꽃자루 끝이 2개로 갈라져 많은 겹꽃이 핀다. 열매를 맺지 못한다.

어린 잎을 식용하며, 꽃은 피기 전에 따서 끓는 물을 끼얹어 말린 것을 황화채(黃花菜)라고 하는데 요리의 재료로 이용한다.

✽ **효능**
- 이뇨 작용과 소화 작용
- 신진대사 촉진, 혈액 순환, 소화기능 개선
- 담석증, 담낭증에 효과

3. 활성성분

✽ **Pyrrolidone**

4. 관련논문
- 없음

5. 관련특허
- 없음

원추리

1. 명명

학 명 : *Hemerocallis fulva L.*

과 명 : 백합과 (Liliaceae)

속 명 : 원추리속 (Hemerocallis)

영 명 : Day lilly

향 명 : 등황옥잠, 등황훤초, 금침채, 훤초, 황화채, 넘나물, 홍원

2. 특징

　전국 어느 곳에서나 재배와 식재가 가능하다. 재배지와 조경식재지는 햇볕이 하루 중 4시간 이상 드는 곳이 적합하다. 토양은 건조지역보다는 약간 습지가 좋지만 경사면 건조지에 식재할 때는 반드시 볏짚이나 낙엽 등을 지표면에 깔아주어서 토양수분을 유지시켜주는 것도 좋은 방법이다. 저습지에는 다소 견디는 능력은 있으나 물빠짐을 위해서 배수로를 설치해 주면 큰 문제가 없을 것이다.

　넘나물이라고도 한다. 산지에서 자란다. 높이가 약 1m이며, 뿌리는 사방으로 퍼지고 원뿔 모양으로 굵어지는 것이 있다. 잎은 2줄로 늘어서고 길이 약 80cm, 나비 1.2~2.5cm이며 끝이 처진다. 조금 두껍고 흰빛을 띤 녹색이다. 꽃은 7~8월에 핀다. 꽃줄기는 잎 사이에서 나와서 자라고, 끝에서 가지가 갈라져서 6~8개의 꽃이 총상꽃차례로 달린다. 빛깔은 주황색이고 길이 10~13cm, 통부분은 길이 1~2cm이다. 포는 줄 모양 바소꼴이며 길이 2~8cm이고, 작은꽃줄기는 길이 1~2cm이다. 안쪽화피조각은 긴 타원형이고 막질(膜質:얇은 종이처럼 반투명한 것)이며 나비 3~3.5cm이다. 수술은 6개로서 통부분 끝에 달리고 꽃잎보다 짧으며, 꽃밥은 줄 모양이고 노란색이다. 열매는 삭과로서 10월에 익는다.

　원추리의 어린 순을 넘나물이라 하며, 정월 대보름날에 이 원추리국을 끓여 먹음으로써 새해의 근심스러운 일을 잊으려고 했다.

✸ **효능**
- 강장, 이뇨, 황달, 번열, 치임, 생남약, 지혈, 소염 등의 약으로 사용
- 폐결핵, 관절염, 신경쇠약, 불면증에 효과적
- 강장제, 이뇨제등으로 효과

3. 활성성분

✠ Colchicine

✠ Saponin

✠ Trehalose

4. 관련논문

김주선, 강삼식, 손건호, 장현욱, 김현표, 배기환 (2002) 원추리 지하부의 성분 연구.
한국생약학회지, 33(2):105-109

5. 관련특허

강창환, 변국연 (2002) 장 청소 및 변비 해소 기능의 야채 효소 음료 조성물, 10-
0336648-0000
김경희 (2005) 항염증과 방부/제독 성분을 지닌 약초를 이용한 활어 양식수 제조방
법, 10-0488680-0000
박미숙 (2008) 기능성 한방 발효액 제조 방법, 10-0826902-0000
서희동 (2008) 식물발효추출액의 제조방법, 10-0819211-0000
정충현, 양남웅 (2007) 세균성 피부질환 치료용 외용 조성물, 10-0774550-0000
최진호, 김승 (2005) 매생이 추출물을 이용한 항숙취 음료의 제법, 10-0502742-
0000

음나무

1. 명명

학 명 : *Kalopanax septemlobus (Thunb. ex Murray) Koidz.*

과 명 : 두릅나무과 (Araliaceae)

속 명 : 음나무속 (Kalopanax)

영 명 : Castor aralia

향 명 : 엄나무, 개두릅나무, 멍구나무, 며느리채찍나무

2. 특징

　　일본, 사할린, 오키나와, 중국 등에 분포한다. 우리 나라의 전라북도, 강원도 등의 표고 100~1,800m 산기슭의 양지에서 자라며 표고 400~500m 부근이 중심 지대가 된다. 지형적으로는 산록과 골짜기의 계류 주변, 구릉지, 버려진 경작지와 산복의 완경사지가 적지이고, 동남사면의 토심이 깊고 비옥하며 적당하게 습기가 있거나 약간 습한 양토 또는 사양토 또는 식질양토에서 잘 자란다. 토양층 깊게 까지 뿌리를 내리는 심근성 수종으로 건조한 토양에서도 견디는 힘은 강한 편이다. 토양산도는 약산성 토양을 좋아하며, 견밀한 토양에서의 견디는 힘은 약한 편이다.높이는 약 10~15m 까지 자라며 나무껍질은 회백색이며 가지에 날카롭고 억센 가시가 많이 있다. 겨울눈은 둥근 달걀형이며 잎자국은 V자 모양이다. 잎은 어긋나고 둥글며 잎몸이 5~9개로 갈라지고 손 바닥 모양의 잎맥이 있으며 가장자리에 톱니가 있다. 잎 뒷면 잎맥겨드랑이에 털이 있고 잎자루가 길다. 어린 가지 끝에 연노란색 꽃이 둥글 게 모인 산형 꽃차례가 모여 달린다. 둥근 열매는 검은색으로 익는다. 개화기는 7~8월이고 결실기는 10월이다. 어린 잎을 소금을 넣고 삶아서 찬물에 헹군 후 나물로 무쳐 먹으면 좋다. 가지는 닭백숙이나 고기 삶을 때 넣으면 잡내를 없애준다.

✱ **효능**

- 풍습 제거, 경락 소통
- 살충, 소염 작용

3. 활성성분

✱ **Rutin**

✤ Saponin

✤ Syringin

4. 관련논문

강호상, 노재섭, 이경순, 황방연, 이명구, 이돈구, 최우희, 홍성수, 한두일 (2001) 음
나무 수피의 화학적 성분, 한국생약학회지, 32(4):302-306

김명조, 김주성, 강원희, 연규동 (2002) 음나무 내피 추출물의 항돌연변이원성 및 세
포독성 효과. 한국약용작물학회지, 10(2):132-138

김세현, 박영기, 장용석, 한진규, 정헌관 (2007) 음나무 추출물의 세포 내 산화 스트
레스와 항산화 활성. 한국목재공학회지, 35(6):126-134

노정은, 박난영, 정용진 (2003) 음나무 껍질 추출물의 이화학적 특성. 한국식품저장
유통학회 국제학술심포지움 쌀박람회, pp140

박희준, 남정환, 정현주, 김원배, 박광균, 정원윤, 최종원 (2005) 음나무 잎 및 수피
의 진통소염효과 및 아주반트로 유발된 산화적 스트레스에 대한 효과. 한국
생약학회지, 36(4):318-323

백기현, 신금, 나경수 (1992) 음나무 수피로부터 보체계 활성화 다당의 정제 및 특성.
한국목재공학회지, 20(4):73-84

손미예 (2007) 음나무 추출물과 비타민 C의 항산화, 항암 및 면역 활성 상승효과.한
국생명과학회지, 17(12):1634-3640

이인중, 김길웅 (1987) 약용식물 (음나무, 오가피) 로부터 생리활성물질 검정. 한국잡
초학회지, 7(3):289-298

정근영, 손건호, 도지철 (1993) 음나무 잎으로부터 Flavonoid Glycosides의 분리.
영남대학교 약품개발연구소, 3(3):122-124

5. 관련특허

㈜ 진로 (2008) 엄나무 또는 헛개나무를 이용한 소취 기능을 갖는 주류 제조방법,
10-0802906-0000

박덕훈, 이종성, 현창구, 홍성택 (2007) 천연 식물 추출물을 포함하는 항균 조성물,
10-0729831-0000

유영법, 안규석, 심범상, 최승훈 (2006) HIV 증식 억제 활성을 갖는 음나무 추출물
및 이를 유효성분으로 함유하는 IDS 치료제, 10-0567456-0000

이명구, 노재섭, 이돈구, 황방연 (2006) 음나무 추출물을 함유하는 퇴행성 중추신경
계 질환 증상의 개선을 위한 기능성 식품, 10-0588448-0000

이성재, 김희규, 김하선, 김종원, 성길용 (2007) 가시 없는 음나무의 세포배양에 의
한 체세포배 형성과식물체 대량 생산방법 출원, 10-0767050-0000

정원태, 박희준 (1999) 간기능 보호작용을 가지는 시린진의 약학적 조성물, 10-
0214883-0000

충북대학교 산학협력단 (2006) 음나무 추출물을 함유하는 퇴행성 중추신경계 질환
증상의 개선을 위한 기능성 식품, 10-0588448-0000

잔대(딱주)

1. 명명

학 명 : *Adenophora triphylla var. japonica (Regel) H. Hara*

과 명 : 초롱꽃과 (Campanulaceae)

속 명 : 잔대속 (Adenophora)

영 명 : Japanese lady bell

향 명 : 사삼(沙蔘), 딱주, 방치룬자채, 제니

2. 특징

한국, 일본, 중국, 타이완 등지에 분포한다. 전국의 산기슭 초원, 농가에서 재배하기도 한다. 잔대는 배수가 좋고 유기물이 풍부한 양지바른 산기슭에 자생하는 것으로 보아 배수가 양호하고 걸 차며 햇빛이 잘 들고, 가뭄을 타지 않는 곳이 좋다. 특히 뿌리와 싹을 모두 식용 또는 약용으로 이용하고자 할 때에는 잔대 뿌리가 잘 뻗을 수 있는 모래참흙이 좋으며 이렇지 못할 경우에는 더덕과 마찬가지로 마사토로 객토을 실시한 후 재배하여야 잔대 뿌리가 곧게 뻗을 수 있다. 서늘하고 통풍이 양호한 준고냉지가 재배적지이다. 잔대도 더덕과 마찬가지로 종자로 번식하며, 직파재배, 이식재배, 그리고 꽃을 보기위한 화단재배가 있다. 잔대는 이식을 싫어하므로 주로 직파재배를 하는 것이 바람직하나 다수확을 위해서 육묘이식 재배를 하는 경우도 있다.

뿌리가 도라지 뿌리처럼 희고 굵으며 원줄기는 다년초로서 높이 40~120cm 이고 뿌리가 굵으며 전체에 잔털이 있다. 근생엽(根生葉)은 엽병이 길고 원심형이며 꽃이 필 때 쯤이면 없어지고 경생엽(經生葉)은 윤생, 대생 또는 호생하며 긴 타원형, 난형 타원형, 피침형 또는 넓은 선형이고 길이 4~8cm 이고 나비 5~40mm 로서 양끝이 좁으며 톱니가 있다.꽃은 7월에서부터 9월까지 피고 원줄기 끝에 엉성한 원추화서를 형성하며 꽃받침은 5개로 갈라지고 하위자방(下位子房) 위에 열편이 달리며 화관은 종형이고 길이 13~22mm 이고 하늘색이고 끝이 좁아지지 않는다. 암술대는 약간 밖으로 나오며 3개로 갈라지고 수술은 5개로서 화통으로부터 떨어지며 수술대는 밑부분이 넓고 털이 있다. 삭과는 끝에 꽃받침이 달린 채로 익으며 술잔 비슷하고 측면의 능선 사이에서 터진다.

봄, 초여름에 연한 잎과 줄기를 삶아 나물로 먹으며 뿌리를 먹기도 한다. 연한 부분과 뿌리를 식용한다.

✤ 효능

- 한열, 익담, 해독, 거담 등의 약으로 사용

3. 활성성분

✤ Inulin

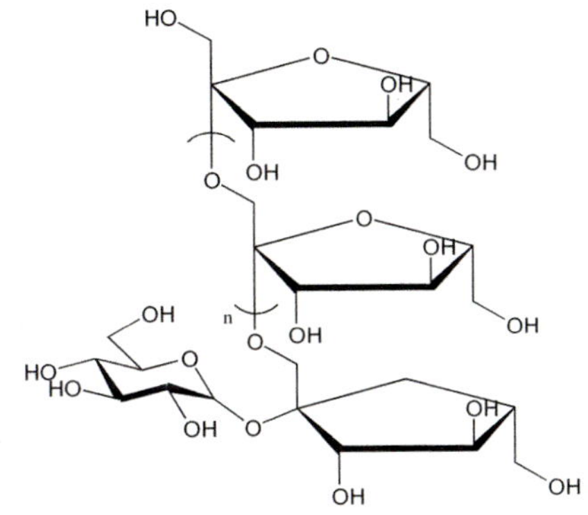

4. 관련논문

금상일, 이동웅, 조민경 (2007) 아세트아미노펜에 의해 유도된 간독성 모델에서 잔대를 주원료로 하는 추출물의 간 보호 효과. 한국식품과학회지, 39(6):688-693

김진희, 홍주연, 장혜림, 김남조, 김민하, 신승렬, 윤경영 (2008) 잔대 잎과 뿌리의 영양성분 분석. 한국식품영양과학회 춘계학술발표대회, pp319

이미영, 모숙연, 김두환, 오승은, 고병섭 (2001) RAPD 분석에 의한 잔대와 더덕의 유연관계 비교 및 감별. 한국약용작물학회지, 9(3):205-210

최현진, 김수현, 오현택, 정미자, 최승필, 함승시 (2008) 인간 HepG2 Cell에서 항산화 효과의 mRNA 발현에 대한 잔대 에틸아세테이트 추출물 효과. 한국식품영양과학회지, 37(10):1238-1243

함영안, 최현진, 김수현, 정미자, 함승시 (2009) 잔대 추출물들의 항돌연변이 및 항종양 효과. 한국식품영양과학회지, 38(1):25-31

함영안, 최현진, 정미자, 함승시 (2009) 잔대의 함유성분 분석과 항산화 활성. 한국식품영양과학회지, 38(3):274-279

5. 관련특허

(주) 진주문화방송, 김순악, 장기철 (2006) 혼합 생약추출물을 함유하는 위염, 위궤양 또는 위출혈에 유용한 약학적 조성물 및 이의 제조방법, 10-0578529-0000

강창환, 변국연 (2002) 장 청소 및 변비 해소 기능의 야채 효소 음료 조성물, 10-0336648-0000

안용준, 김현경, 양영철, 김순일, 정인홍, 이규석 (2008) 식물 추출물을 포함하는 진드기 알레르기원 중화제 및 이를 포함하는 조성물, 10-0821926-0000

이승도, 이승은 (2007) 숙취예방 및 해소를 위한 식품조성물, 10-0751047-0000

조민경 (2007) 잔대를 포함하는 생약제 추출물 및 이를 유효성분으로 함유하는 간질환 예방 및 치료용 건강식품 조성물, 10-0762448-0000

제비꽃

1. 명명

학 명 : *Viola mandshurica W. BECKER.*

과 명 : 제비꽃과 (Violaceae)

속 명 : 제비꽃속 (Viola)

영 명 : Violet

향 명 : 근근채, 자화지정, 장수꽃, 씨름꽃, 오랑캐나물, 오랑캐꽃, 외나물, 민
오랑캐꽃, 병아리꽃, 옥녀제비꽃, 앉은뱅이꽃, 가락지꽃, 참제비꽃,
참털제비꽃

2. 특징

전국의 낮은 산 숲 가장자리에서 자라며, 한국, 시베리아 동부, 중국 등지에 분포한다. 양지에서 재배하며 보습성과 배수성이 적절한 사질양토에 부엽을 충분히 혼합하여 재배용토를 조제한다. 또한 시비관리를 철저히 하여 토양비옥도를 유지하도록 한다. 척박지에서는 생육이 좋지 않다. 개체가 대단히 작은 식물이므로 제초관리에 유의한다. 이식력은 좋지 않다. 제비꽃은 종자 번식이 가장 잘된다. 그러나 잎꽂이, 줄기꽂이 방법으로도 후계자를 만들 수 있다. 파종용토는 특별한 준비를 하지 않아도 발아가 잘되고 꽃은 2년째에 핀다. 이식은 봄 싹트기 전이나 가을에 한다.

원줄기가 없으며, 뿌리는 황갈색으로써 많으나 뿌리에서 긴 잎자루가 있는 잎이 돋는다. 잎은 피침형 으로써 끝이 둔하지만 가장자리에는 얕고 둔한 톱니가 있으며 잎자루에는 날개가 뚜렷하다. 꽃이 핀 다음에 자라나는 잎은 난상 삼각형으로써 윗부분에 약간 뚜렷하지 않는 물결모양의 톱니가 있으며, 잎자루는 윗부분에 날개가 있다. 꽃은 4-5월 잎겨드랑이에서 꽃줄기가 나와 짙은 자주색 꽃이 달리며 간혹 백색 바탕에 자주색 줄이 있는 꽃이 피는 것도 있다. 꽃받침 잎은 피침형이나 끝이 뾰족하고, 부속체는 반원형으로 가장자리가 밋밋하고 꽃잎은 측 열편에 털이 있거나 없으며 거는 짧은 원주형이다.

제비꽃은 봄철에 어린잎을 나물로 먹기도 하며 식용, 약용, 아로마테라피, 조경, 허브 가든, 향료용으로 예로부터 이용되어 왔다. 봄철 나물로 먹을 때는 밀가루 옷을 입혀 튀김을 만들기도 하고, 살짝 데쳐서 무쳐 먹기도 한다. 다른 야채와 함께 샐러드로 먹을 수 도 있으며 꽃잎을 모아 살짝 데쳐서 잘게 썰어 밥에 섞어 꽃 밥을 만들어 먹을 수 도 있다.

✳ 효능
- 황달, 간염, 수종 등에 사용
- 해열, 해독 및 불면증에 효과적

3. 활성성분

✤ Saponin

4. 관련논문

박성규, 안덕균 (1992) 제비꽃속의 소염·항균작용에 관하여. 대한본초학회지, 6(1):77-83

이미라, 한창석, 한동열, 박은주, 이승철, 박해룡 (2008) Glutamate에 의한 산화적 스트레스로부터 신경세포를 보호하는 제비꽃 추출물의 영향. 한국응용생명화학회지, 51(1):79-83

이보배, 박순례, 한창석, 한동열, 박은주, 박해룡, 이승철 (2008) 제비꽃 추출물의 항산화 활성 및 α-Amylase와 α-Glucosidase에 대한 저해 활성. 한국식품영양과학회지, 37(4):405-409

5. 관련특허

가부시끼가이샤 야구르트혼샤 (2008) 피부노화방지 조성물, 10-0829846-0000

이석일, 박준홍 (2004) 아토피성 피부염 치료용 화장료 조성물, 10-0451444-0000

주엽나무

1. 명명

학 명 : *Gleditsia japonica Miq.*

과 명 : 콩과 (Leguminosae)

속 명 : 주엽나무속 (Gleditsia)

영 명 : Korean honey locust

향 명 : 조각자, 쥐엄나무, 주염나무

2. 특징

만주, 일본, 중국 등지에 분포한다. 산이나 냇가, 하천의 둑 등지에서 흔히 자란다. 함경북도를 제외한 전지역에 분포하는 한국 특산종이다.

키는 20m까지 자라고 가지에는 가지가 변태된 큰 가시가 많이 생겨 늙으면 점차 없어진다. 굵은 가지가 퍼지며 새가지는 녹색으로써 피목이 산재하며, 군데군데에서 자갈색의 얇은 막이 벗겨지고 작은 가지 같은 편평한 가시가 있다. 잎은 어긋나고 짝수 깃 모양겹잎이며 작은 잎은 5~8쌍이고 난상 타원형 또는 긴 타원형이며 가장자리에 물결모양의 톱니가 있다. 꽃은 6월경에 가지 끝의 잎겨드랑이에서 연한녹색의 총상화서로 꽃받침과 꽃잎이 각각 5개로써 녹색이나 수술대에 털이 있다. 열매는 칼 양으로써 비틀려서 꼬여진 꼬투리로 긴장과이다. 민주엽나무(원줄기에 가시가 없는 것)아재비과줄(꼬투리가 꼬이지 않고 약간 곱은 것)

봄철에 잎이 돋아날 때 뜯어서 햇볕에 말린다. 잎이 봉오리에서 퍼져서 길이 4~5cm, 쪽잎의 길이 1~2cm로 자란 때가 적당하다. 이때는 동약재의 생산성도 높고 알칼로이드 함량도 0.1~0.4%이므로 제약 원료로 쓸 수 있다.

✽ 효능

- 주사, 유황, 노사의 독을 억제
- 풍증 치료, 장(腸)을 윤활, 풍담, 습독을 제거하는 효과
- 항균작용, 회충성 장폐색증, 두통, 해수 개선과 나병 치료

3. 활성성분

✽ Saponin

4. 관련논문

김은주, 이경순, 노재섭, 이승호, 황윤정, 유시용, 안종웅 (1994) 주엽나무의 페놀성 성분에 관한 화학적 연구. 한국생약학회지, 25(1):11-19

김충희 (2002) 랫드에서 조각자(주엽) 나무 추출물인 Gleditschia-saponin의 경구 2주 반복투여 독성시험. 한국독성학회지, 18(3):285-292

박은희, 신미자 (1993) 조각자 물추출물의 항염증 작용. 한국약학회지, 37(2):124-128

서종립, 허정호, 정명호, 조명희, 이국천, 김국헌, 하대식, 류재두, 김충희, 김곤섭, 김의경 (2005) 조각자(주엽)나무의 생리활성물질 Gleditschia이 비육돈육의 이화학적 성상에 미치는 영향. 대한수의학회지, 45(4):527-536

이경순, 이승호, 노재섭, 황윤정, 유시용, 안종웅 (1994) 주엽나무 잎의 Phenol 성 성분에 관한 화학적 연구. 한국생약학회지, 25(1):103-103

5. 관련특허

권두한, 이희구, 최용경, 윤도영, 임종석, 최인성, 이영희, 김재화, 송은영, 김만배 (2005) 코로나바이러스에 대한 항바이러스제, 10-0501831-0000

김종운 (2006) 음료형 건강 보조 식품의 제조방법, 10-0557685-0000

박병준, 강세훈, 한창규, 김남향, 김동걸 (2007) 항산화효과와 미백효과를 갖는 한방 약재 추출물과 그추출물의 제조방법 및 이를 포함하는 화장료 조성물, 10-0785505-0000

최영태 (1995) 조각자나무로부터 추출한 생약 성분으로 된 항암제, 10-01601058-0000

최영태 (1998) 조각자나무로부터 추출한 생약성분으로 된 항균제, 10-0160107-0000

짚신나물

1. 명명

학 명 : *Agrimonia pilosa LEDEB.*

과 명 : 장미과 (Rosaceae)

속 명 : 짚신나물속 (Agrimonia)

영 명 : Agrimony

향 명 : 큰골짚신나물, 북짚신나물, 산짚신나물, 짚신나물

2. 특징

중국이 원산으로 한국, 일본, 중국, 인도, 히말라야, 몽골, 아무르, 시베리아, 유럽,사할린 등지에 분포하며 각지의 산과 들에 흔히 자라는 여러해살이풀이다. 결실기에 열매를 채취하여 약간의 습기가 있는 곳에 즉시 파종하면 다음 해 봄에는 짚신나물을 볼 수가 있다. 씨앗을 채종 할 때는 산짚신나물이나 큰짚신마물이나 모두 약효는 동일하므로 가리지 않고 채취하면 되고, 심었을 때 약간의 잘 발효된 퇴비를 흙과 잘 혼합하여 열매의 지름 정도로 고운 흙을 덮어주고 가뭄이나 겉흙이 바짝 마르는 것을 방지하기 위해 소량이면 신문지로 덮거나 짚으로 피복을 해 주면 된다.

전체에 털이 있다. 잎은 어긋나며 깃 모양의 겹잎으로서, 5~7개의 작은 잎이 있으나 밑 부분의 잎은 작아지고 중앙부에 작은 잎 같은 것이 끼어있으며 끝에 달린 3개의 작은 잎은 긴 타원형으로 크기가 비슷하고 양면에 털이 있으며 가장자리에 톱니가 있고, 턱잎은 반원형이며 한쪽 가장자리에 큰 톱니가 있다. 꽃은 6~8월 원줄기 끝과 가지 끝에 황색의 총상화서로 달린다. 꽃받침 통은 세로로 파진 줄이 있으며 윗부분이 5개로 갈라지고 그 밑에 갈고리 같은 털이 있어서 성숙하면 다른 물체에 잘 붙는다. 꽃잎은 도란형이며 수술은 12개이고, 열매는 꽃받침 통 안에 들어 있다. 이른 봄에 어린싹을 나물로 먹는다. 쓴맛이 강하므로 데쳐서 우려낸 다음 식용한다.

효능

- 지사, 수렴, 소염, 해독에 효능
- 위궤양 치료 및 항암작용
- 뱀의 독, 기생충 제거에 효과

3. 활성성분

✖ Agrimonine

✖ Saponin

✻ Tannin

4. 관련논문

서훈석, 정봉환, 조용구 (2008) 짚신나물, 삼백초의 항산화와 항암활성 효과. 한국약용작물학회지, 16(3):139-143

이성중, 장상훈, 이상경, 신성철, 유은애 (2006) 짚신나물과 바위솔의 총 페놀 함량과 항산화 활성. 한국작물학회지, 51(1):582-583

이은숙, 서부일 (2003) 짚신나물 *Agimonia pilosa Ledeb.* 추출물에 의한 *Streptococcus aureus*의 생육억제. 한약응용학회지, 3(1):37-42

이은숙, 서부일 (2003) 짚신나물 *Agrimonia pilosa Ledeb.* 추출물에 의한 *Escherichia coli* KCTC 2441의 생육억제. 대한본초학회지, 18(1):15-20

이은숙, 서부일 (2005) 짚신나물 *Agrimonia pilosa Ledeb.* 추출물에 의한 *Streptococcus pyogenes* KCTC 3208의 생육억제. 한약응용학회지, 5(1):27-32

전성봉, 양바롬, 최춘환, 김익수, 박경석 (2006) 식물병원균에 대한 짚신나물 추출물의 항균활성과 Agrimol B의 동정. 한국농약과학회지, 10(3):230-236

5. 관련특허

(주) 바이오코리아 (2002) 짚신나물로부터 분리한 B형 간염바이러스 표면항원생성 억제물질과 그 추출방법 및 용도, 10-0327762-0000

(주) 바이오코리아 (2006) 개선된 항 B형 간염바이러스 활성을 갖는 짚신나물추출물을 제조하는 방법 및 그러한 추출물을 함유한 약제학적 조성물 또는 식품 조성물, 10-0557015-0000

경상북도 농업기술원 (2008) 짚신나물 뿌리추출물과 이로부터 분리한 화합물을 함유하는 식물의 탄저병 방제 조성물, 10-0809797-0000

박준홍, 배수곤, 박현로, 박석희, 김규성, 최장수 (2008) 짚신나물 뿌리추출물과 이로부터 분리한 화합물을 함유하는 식물의 탄저병 방제 조성물, 10-0809797-0000

이영성, 권두한 (2002) 짚신나물로부터 분리한 B형 간염바이러스 표면항원생성억제물질과 그 추출방법 및 용도, 10-0327762-0000

이영성, 안동호, 홍사민, 윤승규, 장은수, 이민경, 권혁윤 (2006) 개선된 항 B형 간염바이러스 활성을 갖는 짚신나물추출물을 제조하는 방법 및 그러한 추출물을 함유한 약제학적 조성물 또는 식품 조성물, 10-2001006-2144

조용구, 정봉환 (2007) 항산화 효과가 있는 짚신나물 사탕 제조 방법, 10-0726364-0000

최재수, 정해영 (2003) 퍼옥시나이트라이트에 대한 소거 활성을 갖는 식물 추출물및 이를 유효성분으로 하는 약학적 조성물, 10-0389243-0000

충북대학교 산학협력단 (2007) 항산화 효과가 있는 짚신나물 사탕 제조 방법, 10-0726364-0000

찔레꽃

1. 명명

학 명 : *Rosa multiflora Thunb. var. multiflora*

과 명 : 장미과 (Rosaceae)

속 명 : 장미속 (Rosa)

영 명 : Baby brier

향 명 : 찔레, 찔레나무, 설널레나무, 질누나무, 질꾸나무

2. 특징

동북 아시아 지역이 원산지로, 한국과 중국, 일본의 야산에 광범위하게 분포한다. 한국에서는 고도가 높지 않은 지역의 양지 바른 산기슭, 골짜기, 냇가 등지에서 흔히 볼 수 있다. 습기가 많은 하천이나 호반 주변에서 많이 자라며 배수가 잘 되는 양지 바른 곳이 좋다. 생장이 빠르며 내한성과 내조성, 내염성, 내공해성이 강하다.

높이는 1~2m이고 가지가 많이 갈라지며, 가지는 끝 부분이 밑으로 처지고 날카로운 가시가 있다. 잎은 어긋나고 5~9개의 작은 잎으로 구성된 깃꼴겹잎이다. 작은 잎은 타원 모양 또는 달걀을 거꾸로 세운 모양이고 길이가 2~4cm이며 양끝이 좁고 가장자리에 잔 톱니가 있다. 잎 표면에 털이 없고, 뒷면에 잔 털이 있으며, 턱잎은 아랫부분이 잎자루 밑 부분과 붙고 가장자리에 빗살 같은 톱니가 있다. 꽃은 5월에 흰색 또는 연한 붉은 색으로 피고 새 가지 끝에 원추꽃차례를 이루며 달린다. 작은 꽃자루에 선모가 있고, 꽃받침조각은 바소꼴이며 뒤로 젖혀지고 안쪽에 털이 빽빽이 있다. 꽃잎은 달걀을 거꾸로 세운 모양이고 끝 부분이 파지며 향기가 있다.

이른 봄철에 올라오는 찔레 새순도 좋은 약이 된다. 연한 순을 껍질을 까서 먹으면 떫으면서도 들큰한 맛이 있어서 옛날 농촌 아이들에게 좋은 간식거리였던 찔레순은 어린이의 성장발육에 큰 도움이 된다.

✳ 효능
- 불면증, 건망증, 성기능 감퇴, 부종에 효과
- 곪은 상처치료, 버거씨병(발가락이 썩는병) 치료
- 산후풍, 부종, 어혈, 관절염 치료
- 혈액순환 촉진

3. 활성성분

✻ Astragalin

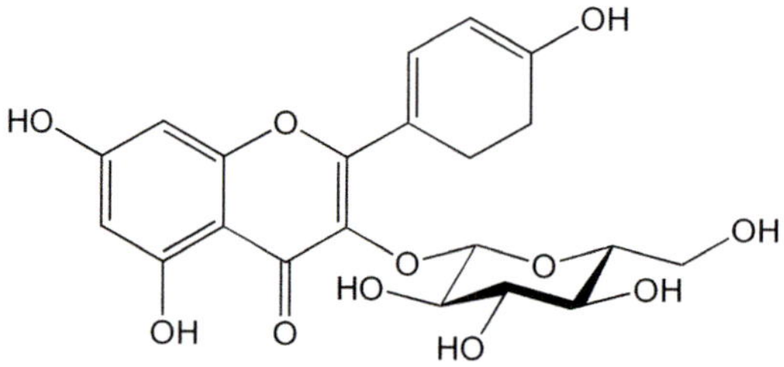

4. 관련논문

송재환, 이현숙, 황진국, 정태영, 홍성렬, 박기문 (2003) 찔레 영지버섯 추출물의 생리활성. 한국식품과학회지, 35(4):59-65

이상영, 최용순, 이해익, 함승시, 용권중 (1993) 닭에 있어서 찔레뿌리추출물의 혈청 콜레스테롤 강하작용에 관한 연구. 한국지질학회지, 3(2):215-220

하세은, 김형도, 박종군, 정연옥, 김현중, 박노복, (2009) 찔레 추출물의 B16 세포 멜라닌 세포 억제. 한국자원식물학회 학술심포지엄, pp157

한재택 (2006) 찔레뿌리를 활용한 기능성 소재의 개발. 식품산업과 영양, 11(2):59-65

5. 관련특허

(주) 이롬 (2002) 항산화활성을 가지는 찔레나무추출물을 포함하는 식품조성물, 10-0556187-0000

(주) 이롬 (2005) 항산화 활성을 가지는 찔레나무 추출물을 포함하는 화장품 조성물 및 상기 추출물의 제조방법, 10-0531472-0000

박미현, 백남임, 한재택, 최창원 (2005) 항산화 활성을 가지는 찔레나무 추출물을 포함하는 화장품 조성물 및 상기 추출물의 제조방법, 10-0531472-0000

이병준 (2007) 약초 성분을 주원료로 한 음료 및 그 제조방법, 10-0703897-0000

한국생명공학연구원 (2007) PPAR감마를 활성화하는 찔레버섯 추출물 및 이로부터 분리된 클로로페린 화합물, 10-0760999-0000

참나물

1. 명명

학 명 : *Pimpinella brachycarpa Nakai*

과 명 : 산형과 (Umbelliferae)

속 명 : 참나물속 (Pimpinella)

영 명 : Short-fruit

향 명 : 대엽근, 산미나리, 가는 참나물, 파드득나물, 반디나물

2. 특징

한국, 중국, 일본 등 동북 아시아지방에 분포한다. 산지의 숲속, 축축한 계곡 주변 등에서 자란다. 생육에 알맞은 온도는 기온 18~25℃, 지온 15~19℃로서 비교적 서늘한 조건을 좋아한다. 건조하지 않다면 어느 정도 햇볕이 강해도 잘 견디지만 대개 그늘진 곳에서 잘 자라므로 50%정도의 차광재배를 하는 것이 좋다. 토양은 약산성(pH 5.5~6.5)으로 부식질이 풍부하고 물빠짐이 잘되면서 늘 습기가 보존되는 땅에서 재배해야 수량이 많고 또한 품질이 좋아진다.

줄기는 높이 50~80cm이고 털이 없으며 향기가 있다. 잎은 어긋나고 잎자루는 밑 부분이 넓어져서 줄기를 감싼다. 잎자루는 밑에서는 길지만 위로 가면서 점점 짧아진다. 잎은 3개의 작은 잎으로 되어 있다. 작은 잎은 달걀 모양으로 끝이 뾰족하고 밑은 예저(銳底) 또는 원저(圓底)이며 가장자리에 톱니가 있다. 꽃은 6~8월에 피고 흰색이며 줄기 끝이나 가지 끝에 복산형 꽃차례로 달린다. 소산경(小傘梗)은 10개 정도이며 각각 13개 내외의 꽃이 달린다. 총포는 없고 작은 총포조각은 1~2개이다. 꽃받침이 뚜렷하고 꽃잎 및 수술과 더불어 5개씩 이다. 열매는 9월에 맺으며 편평하고 넓은 타원형이며 털이 없다. 연한 부분을 생식하거나 김치로 담근다.

참나물은 상쾌하면서도 독특한 향기가 있어서 입맛을 잃기 쉬운 봄철에 미각을 되찾아주는 나물반찬으로 식용

✸ 효능

- 항산화 활성
- 동맥경화 예방효과

3. 활성 물질

✸ Anethole

4. 관련논문

이상영, 함승시, 홍은희, 박귀근, 오무라히로히사 (1991) 참나물로부터 추출한 polyphenol oxidase의 부분정제 및 성질. 한국농화학회지, 34(1):49-53

이유미, 이재준, 이명렬 (2008) 참나물 에타놀 추출물의 항산화 효과. 한국생명과학회지, 18(4):467-473

이재준, 이명렬, 추명희 (2006) 참나물이 고콜레스테롤식이를 섭취한 흰쥐의 지질대사에 미치는 영향. 한국식품영양과학회지, 35(9):1151-1158

이재준, 추명희, 이명렬 (2007) 참나물의 이화학적 성분. 한국식품영양과학회지, 36(3):327-331

추명희, 이재준, 이명렬 (2007) 참나물이 만성적으로 알코올 유도된 흰쥐의 간 손상에 미치는 영향. 한국생명과학회지, 17(10):1406-1413

5. 관련특허

(주) 한불화장품 (2007) 참나물추출물을 주요 활성성분으로 함유하는 피부외용제조성물, 10-0728810-0000

김미리 (2006) 뇌 항산화활성을 가지는 참취 추출물, 10-0591245-0000

김미리, 석대은 (2007) 항동맥경화 기능이 우수한 샐러드 채소 조성물, 10-0732210-0000

참마

1. 명명

학 명 : *Dioscorea japonica Thunb.*

과 명 : 마과 (Dioscoreaceae)

속 명 : 마속 (Dioscorea)

영 명 : Japanese yam

향 명 : 당마, 산약

2. 특징

중국이 원산이지만 야생화 되어 전국의 산에서 흔히 자란다. 마는 흡수뿌리가 지표면을 얕게 뻗어 나가므로 건조지나 배수가 불량한 곳에서는 재배가 어렵다. 마는 덩굴이 15m 정도까지 자라는 식물이므로 길이 2.5m 정도의 대나무 또는 파이 프로 지주를 세워 주는 것이 중요하다. 새로운 덩이줄기가 비대하는 7월 하순에서 9월까지 적시 에 관등의 관리를 주면 수확량을 높일 수 있다. 덩굴이 10월에 마르면 수확할 수 있으나 한꺼번에 캐면 저장 중에 부패할 수 있으므로 출하할 때 마는 캐는 것이 좋다. 서리가 내린 다음 지상 부가 완전히 마른 후에 품질이 특히 좋아진다.

원기둥 모양의 육질 뿌리가 있으며, 줄기는 뿌리에서 나와 길이 2m 정도로 뻗고 다른 물체를 감아 올라간다. 잎은 마주나기하지만 간혹 어긋나기하는 것도 있으며 잎자루가 길고 긴타원형 또는 좁은 삼각형으로 끝이 뾰족하고, 잎겨드랑이에서 주아(珠芽)가 발달한다. 꽃은 암수딴그루이며 6~7월에 노란색을 띤 흰색으로 잎겨드랑이에서 1~3개의 이삭꽃차례로 달린다. 수꽃 꽃차례는 곧게 자라고 암꽃 꽃차례는 밑으로 처진다. 수꽃에는 수술, 꽃덮이열편이 6개씩 있고 1개의 암술 흔적이 있다. 암꽃에는 6개의 꽃덮이열편과 1개의 씨방이 있다.

참마는 날 것으로 그냥 먹거나 생즙을 내어 먹을 수도 있지만 쪄서 먹기도 하고 쪄 말려 가루를 내어 먹기도 한다. 꾸준히 오래 먹는 것이 좋다.

✵ 효능

- 당뇨병, 설사 억제, 기침 억제 효과

3. 활성성분

4. 관련논문

김명화 (1997) 참마 분획물과 vitamin E 투여가 당뇨유발 흰쥐의 혈당 및 지질대사에 미치는 영향. 한국식품조리과학회지, 13(4):500-506

김명화 (2001) 참마 H_2O 분획물과 Selenium 보충이 당뇨 흰쥐의 지질과산화에 미치는 영향. 한국식품조리과학회지, 17(4):344-352

김명화, 임숙자 (2000) 참마 재분획물이 당뇨유발 흰쥐의 혈당 및 에너지원 조성에 미치는 영향. 한국영양학회지, 33(2):115-123

이경숙, 박재호, 정진부, 홍세철, 박광훈, 정혜영, 윤지용, 정형진 (2009) 산약으로부터 활성산소에 의해 야기되는 산화적 DNA손상 억제 및 항산화 활성. 한국자원식물학회 학술심포지엄, 155

임숙자, 김평자 (1995) 참마의 섭취가 당뇨병환자의 혈당에 미치는 영향. 한국조리과학회지, 11(2):212-212

임숙자, 김평자 (1995) 참마이 조리법개발과 ㄱ 섭취가 당뇨병환자의 혈당에 미치는 영향. 한국조리과학회지, 11(3):267-273

5. 관련특허

강신욱, 정준영, 김영주, 이준우, 권오성 (2007) 마즙을 함유한 장류의 제조방법, 10-0742353-0000

김선여 (2008) 마과 식물의 추출물 및 이를 포함하는 말초신경병증의 예방 또는 치료용 조성물, 10-0854621-0000

남두현, 김순동, 신경옥, 김종연, 임상규 (2007) 마 또는 산약의 유산 발효액을 함유하는 변비 및 비만의 예방 및 개선용 식품 조성물, 10-0716123-0000

남두현, 김종연 (2008) 마 추출물을 유효성분으로 포함하는 장 기능 개선용 조성물 및 이를 함유하는 기능성 건강식품, 10-0811683-0000

영남대학교 산학협력단 (2007) 마 또는 산약의 유산 발효액을 함유하는 변비 및 비만의 예방 및 개선용 식품 조성물, 10-0716123-0000

영남대학교 산학협력단 (2008) 마 추출물을 유효성분으로 포함하는 장 기능 개선용 조성물 및 이를 함유하는 기능성 건강식품, 10-0811683-0000

1. 명명

학 명 : *Amaranthus mangostanus L.*

과 명 : 비름과 (Amaranthaceae)

속 명 : 참비름속 (Amaranthus)

영 명 : Amaranth

향 명 : 현채, 비듬나물, 새비름, 참비름

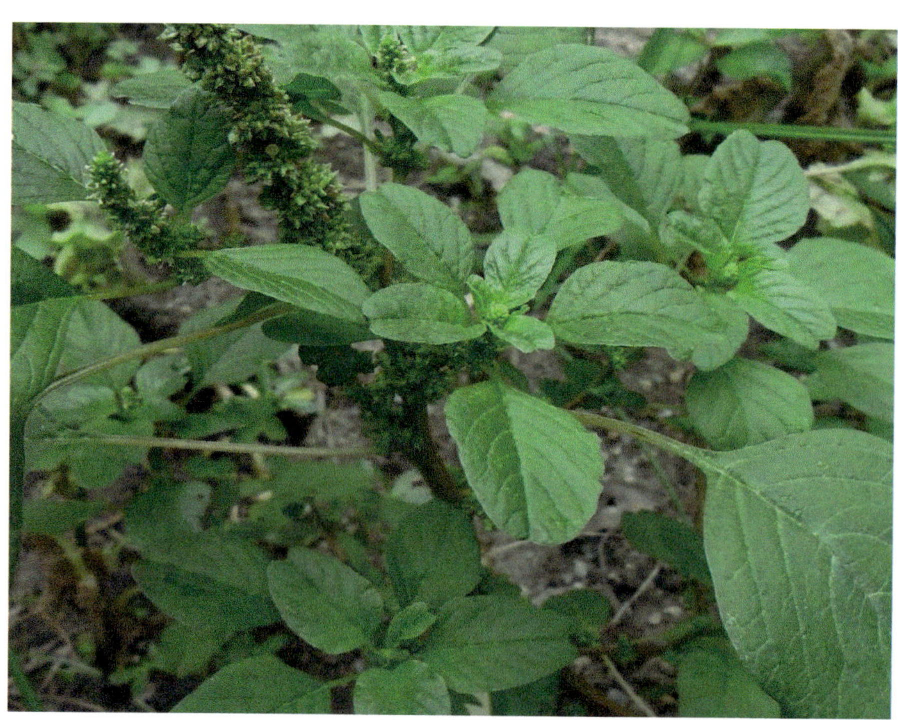

2. 특징

    인도가 원산지로 한국, 타이완, 중국, 말레이시아 등지에 자생한다. 인가 부근의 텃밭이나 길가에 흔히 자란다. 비름은 전국 어디서나 재배가 가능하나 가뭄이 심한 곳에서는 생리 장해가 나타나 피하는 것이 좋으며 토양은 물빠짐이 좋고 토심이 깊으며 유기질이 많은 비옥한 양토나 사질양토가 적당하다.

    참비름은 1년생으로 밭, 공휴지 등지에 잘 자라며 종자로 번식한다. 줄기는 직립으로 30~80cm 정도 자라며 잎은 호생, 엽병이 길며 녹색이지만 흔히 자갈색이 돌고 사각형의 난형(卵形)이며, 頭, 鎖底이고 엽장은 4~8cm, 엽폭 2.5~4cm로서 가장자리가 밋밋하다. 꽃은 6~7월에 피며 양성(兩性)으로 엽액과 원줄기 끝에 모여 수상화서(穗狀花序)를 형성하며 전체적으로는 원추화서(圖錐花序)로 된다. 포(苞)는 작으며 녹색의 꽃받침보다 짧고 3개로 갈라지며 열편(裂片)은 1.5nR정도로서 피침형(披針形)이다. 수술우 3개이며 암술은 1개이고 포과(胞果)는 둥글며 꽃받침보다 다소 길고 주름살이 없다.

    어린 순을 국으로 끓이거나 살짝 데쳐 밥과 함께 고추장에 비벼 먹으면 웰빙 식품으로 안성맞춤이다.

✳ 효능

- 향균 효과
- 이뇨, 지사, 통경에 효능

3. 활성성분

✳ Rutin

4. 관련논문

김영태, 황영수, 조강진, 인승인 (1995) 참비름에서 항바이러스성 단백질(AAP29)의
분리 및 동정. 한국농화학회지, 38(6):528-533
김영희 (2000) 비름으로부터 Rutin의 분리. 한국생약학회지, 31(2):249-251
오영숙, 이신호 (2005) 참비름 추출물에서 항균성 물질의 분리 및 동정. 한국미생물
생명공학회지, 33(2):123-129

5. 관련특허

금호석유화학 주식회사 (1998) 비름나물로부터의 항바이러스 활성을 갖는 추출물 및
단백질 분획, 10-0137073-0000
배지현 (2000) 쇠비름 추출물을 이용한 식품보존제, 10-0272793-0000

참취

1. 명명

학 명 : *Aster scaber Thunb.*
과 명 : 국화과 (Compositae)
속 명 : 참취속 (Aster)
영 명 : Rough aster
향 명 : 취나물, 나물취, 암취

2. 특징

한국원산으로 우리나라 일본, 중국 등지에 분포하며 전국 각지의 낙엽수림대나 산야에 흔하게 자란다. 자생지를 참작하여 산간의 들판이나 보수력이 있는 양지 또는 반그늘진 곳이 이상적이다. 공중습도가 높은 곳에서 연하고 큰 것이 생산된다. 토질은 부식질이 많은 비옥한 땅이 좋으며 보수력이 있으면서도 배수가 잘 되는 땅이 좋다.

높이 1~1.5m로 윗부분에서 가지가 산방상으로 갈라진다. 뿌리 잎은 자루가 길고 심장 모양으로 가장자리에 굵은 톱니가 있으며 꽃필 때쯤 되면 없어진다. 줄기 잎은 어긋나고 밑 부분의 것은 뿌리 잎과 비슷하며 잎자루에 날개가 있으며 거칠고 양면에 털이 있으며 톱니가 있다. 중앙부의 잎은 위로 올라가면서 점차 작아지고, 꽃 이삭 밑의 잎은 타원형 또는 긴 달걀 모양이다. 잎에 무성아 비슷한 것이 생기는 것은 벌레집이다. 꽃은 8~10월에 피고 흰색이며 두화는 산방 꽃차례로 달린다. 포는 3줄로 배열하고 설상화(舌狀花)는 6~8개이며 관상화(管狀花)는 노란색이다. 열매는 수과로 11월에 익는다. 어린순을 취나물이라고 하며 식용한다.

봄철 산나물로 호평을 받고 있다. 어린싹 산나물, 묵나물무침, 튀김, 마요네즈무침, 부침등으로 쓰인다. 한약재로도 쓰이고 있다.

✽ 효능

- 전초, 진해, 이뇨, 보신(補身) 작용
- 기침, 천식, 각혈 및 감기의 치료제, 혈액순환에 사용
- 황달, 고혈압, 관절염, 담을 삭히는 작용
- 항염증 효과, 치질, 간장병으로도 사용
- 항암 효과 및 혈소판 응집 억제효과
- 진통, 현기증, 해독, 요통, 장염 등의 치료제로 사용

3. 활성성분

❋ Cumarin

❋ Saponin

4. 관련논문

김주희, 김미경 (1999) 깻잎, 쑥, 참취의 건분 및 에탄올추출물이 흰쥐의 지방대사와 항산화능에 미치는 효과. 한국영양학회지, 32(5):540-551

김현구, 권영주, 김영언, 남궁배 (2004) 마이크로웨이브 추출조건에 따른 참취 추출물의 총 폴리페놀 함량 및 항산화작용의 변화. 한국식품저장유통학회지, 11(1):88-93

우정향, 이철희 (2007) 참취 지상부의 추출방법에 따른 항산화 효과. 한국생물환경조절학회 학술발표논문집, 16(2):39-39

윤민호, 임치환, 이종철, 최우영 (1998) 참취 및 곤달비 추출물의 in vivo 항혈전활성. International symposium sponsored by Institute of Agricultural Science, Chungnam National University and Korea Research Foundation, 288-289

이승은, 성낙술, 정태영, 최미연, 윤은경, 정유진 (2001) 참취 분말이 에탄올을 투여한 흰쥐의 항산화계에 미치는 효과. 한국식품영양과학회지, 30(6):1215-1219

이혜진, 한대석, 김미경 (2001) 참취의 건분 및 녹즙이 흰쥐의 지방대사와 항산화능에 미치는 영향. 한국영양학회지, 34(4):375-383

임상선, 이종호 (1997) 참취 및 씀바귀 첨가식이가 고지혈증 흰쥐의 심혈관 수축과 이완 및 혈관 내피 세포에 미치는 영향. 한국식품영양과학회지, 26(2):300-307

임상선, 이종호 (1997) 참취 및 씀바귀의 성분조성과 혈청 지질저하작용에 대한 연구. 한국식품영양과학회지, 26(1):123-129

최근표, 정병희, 이동일, 이현용, 이진하, 김종대 (2002) 양용식물의 Anglotensin Converting Enzyme 저해활성 탐색. 한국약용작물학회지, 10(5):399-403

최세훈, 윤진영, 장광진, 이기철, 심재욱, 박철호 (2002) 참취 및 율무 종자의 아미노산 분석. 한국자원식물학회지, 15(1):49-50

함승시 (1991) 참취로부터 추출한 polyphenol oxidase의 부분정제 및 성질. 생명과학연구논총, 9(3):192-196

함승시, 황보현주 (1999) 참취뿌리 에탄올추출물의 항돌연변이성 및 암세포 성장억제효과. 한국식품과학회지, 31(4):1065-1070

함승시, 황보현주, 최승필, 이의용, 조미애, 이득식 (2001) 참취뿌리 에탄올추출물의 유전독성 억제효과. 동아시아식생활학회지, 11(6):466-471

5. 관련특허

김미리 (2006) 뇌 항산화활성을 가지는 참취 추출물, 10-059125-0000

성균관대학교 산학협력단 (2000) 항고지혈, 항산화 및 항바이러스 활성을 갖는 참취 추출물로부터 분리된 화합물, 10-0882194-0000

이화여자대학교 산학협력단 (2008) 참취 추출물을 함유하는 제초제 조성물 및 이를 이용한 제초 방법, 10-0818686-0000

충남대학교 산학협력단 (2006) 뇌 항산화활성을 가지는 참취 추출물, 10-0591245-0000

초롱꽃

1. 명명

학 명 : *Campanula punctata Lamarck*

과 명 : 초롱꽃과 (Campanulaceae)

속 명 : 초롱꽃속 (Campanula)

영 명 : Bellflower

향 명 : 자반풍령초, 풍령초, 산소채, 종꽃나물

2. 특징

한국 원산으로 일본과 동부 시베리아에도 분포한다. 햇볕이 잘 드는 들이나 낮은 산에서 자란다. 초롱꽃 재배에 있어서 토양은 부식질이 풍부하고 배수가 잘 되는 사질양토나 점질양토에서 잘 자란다, 화분용토는 부엽:배양토:모래를 3:5:2의 비율로 섞어서 쓰는 것이 좋다. 광선은 반 그늘진 곳이 좋으며 장일성 식물이므로 겨울철 재배시 보광을 해주면 개화가 빨라진다. 자생지에서는 숲가나 습기가 있는 적습지에서 자라고 노지에서 월동이 가능하다, 충분한 관수를 요하지만 어느 정도 건조에도 견디는 등 환경 적응성이 아주 좋으며 이식도 잘 된다.

줄기는 높이 40~100cm이고 전체에 퍼진털이 있으며 옆으로 뻗어가는 가지가 있다. 뿌리 잎은 잎자루가 길고 달걀꼴의 심장 모양이다. 줄기 잎은 세모꼴의 달걀 모양 또는 넓은 바소꼴이고 가장자리에 불규칙한 톱니가 있다. 꽃은 6~8월에 피고 흰색 또는 연한 홍자색 바탕에 짙은 반점이 있으며 긴 꽃줄기 끝에서 밑을 향하여 달린다. 화관은 길이 4~5cm이고 초롱(호롱)같이 생겨 초롱꽃이라고 한다. 꽃받침은 5개로 갈라지고 털이 있으며 갈래조각 사이에 뒤로 젖혀지는 부속체가 있다. 5개의 수술과 1개의 암술이 있으며 씨방은 하위이고 암술머리는 3개로 갈라진다. 열매는 삭과(瘦果)로 거꾸로 선 달걀 모양이고 9월에 익는다.

어린 잎을 살짝 데쳐 무쳐 먹는다. 나물을 뜨거운 물에 데쳐 햇볕에 말려 묵나물로 사용한다.

✤ 효능

- 해열, 독과 통증 제거에 효과적
- 산모들의 해산 촉진에 사용

3. 활성성분

❉ Convalloside

❉ Inulin

4. 관련논문

- 없음

5. 관련특허

- 없음

초피나무

1. 명명

학 명 : *Zanthoxylum piperitum (L.) DC.*
과 명 : 운향과 (Rutaceae)
속 명 : 산초나무속 (Zanthoxylum)
영 명 : Japanese pepper
향 명 : 전피, 제피나무, 상초나무

2. 특징

한국, 중국 및 일본이 원산이며, 산기슭, 산허리, 산골짜기 등 양지바른 곳에서 자라고 따뜻한 기후를 좋아하여 우리나라 남부지방에 주로 자생하나 용도가 많아 여러 지역에서 널리 재배되고 있다. 유기질이 많이 함유된 식질양토 또는 사질양토이며 배수가 잘 되는 곳이 적지이며 직근성이 아니고 천근성 작물이어서 건조에 약하므로 건조기 수분 관리에 유의해야 한다. 초피나무는 종자번식을 주로 하며 특별한 목적으로 접목번식도 한다. 종자는 8~9월 검게 익은 것을 채종하여 습한 모래와 썩어 노천 매장 하였다가 추파하거나 이듬해 봄에 춘파한다.

높이 3~5m 정도이다. 턱잎이 변한 가시가 잎자루 밑에 1쌍씩 달리며 가시는 밑으로 약간 굽는다. 잎은 어긋나고 홀수 1회 깃꼴겹잎이다. 작은 잎은 달걀 모양으로 길며 4~7개의 둔한 톱니가 있고 톱니 밑에 선점(腺點)이 있으며 중앙부에 황록색무늬가 있고 강한 향기가 있다. 꽃은 5~6월에 피고 단성화이며 잎겨드랑이에 산방상 꽃차례로 달리고 황록색이다. 꽃받침조각은 5개이고 수꽃에는 5개의 수술이 있으며 암꽃에는 떨어진 씨방과 2개의 암술대가 있다. 열매는 2분과(分果)로 9월에 붉게 익으며 검은 종자가 나온다. 어린잎을 식용, 열매를 약용 또는 향미료(香味料)로 사용하고 열매의 껍질은 향신료로 쓰인다. 우리나라 경상도 지방에서는 제피나무라고도 부르는데 열매의 껍질을 '제피' 라고 불렀고 시골에서는 '고초'라고 부르기도 하였다. 경상도에서는 이것을 갈아 '추어탕' 을 끓일 때 미꾸라지의 비린내를 없애는데 사용한다. 매콤한 맛과 톡 쏘는 향이 특징인데 우리나라보다 일본에서 더 많이 사용된다.

어린잎을 먹기도 하고 열매는 치료 또는 향미로서 사용한다. 일본에서는 산사이, 산쇼우, 기노메라고 불리며 상품화되어 있고 육류와 생선요리에 자주 사용되는 향신료이다.

✠ 효능

- 소염, 이뇨, 국소흥분, 위장병 등의 치료약으로 사용

3. 활성성분

❊ Berberine

❊ Citronellal

❊ Geraniol

❊ Tannin

4. 관련논문

권두한, 김만배, 윤도영, 이영희, 김재화, 이희구, 최인성, 임종석, 최용경 (2003) 항
바이러스 활성 식물자원 탐색. 한국약용작물학회지, 11(1):24-30

김근기, 박현철, 손홍주, 김용균, 이상몽, 최영환, 신택순 (2007) 초피첨가 전통장류
의 항균 및 항암활성. 한국생명과학회지, 17(8):1121-1128

김소희, 박건영 (1993) 초피 추출물의 항돌연변이 및 MG-63 암세포 증식억제 효과. 산업미생물학회지, 21(6):628-634

김종희, 정유은, 민윤정 (1999) 초피나무와 산초나무 잎의 추출액이 질화작용에 미치는 영향. 경남대학교 기초과학연구소, 13:81-86

박종희, 박성수, 김정묘 (2002) 초피나무의 생약학적 연구. 생약학회지, 33(2):75-80

손병구, 강규영, 김용균, 손홍주, 김한수, 김근기, 최영환 (1998) 초피 용매추출물의 항균활성. 밀양산업대학교 농업기술개발연구소보, 2(1):58-64

이정민, 한샘, 이설림, 박준언, 김혜민, 이상현, (2008) 대추나무, 초피나무, 치자나무, 잣나무의 정유성분 GC/MS 분석. 원예과학기술지, 26(3):338-343

장미진, 이순재, 조성희, 우미희, 최정화 (2006) 초피나무 추출물의 항산화, 항염증 및 항혈전 효능에 관한 연구. 한국식품영양과학회지, 35(1):21-27

5. 관련특허

(주) 진주문화방송, 김석창, 서복덕, 장기철, 강영진 (2006) 헴옥시게나제-1 발현을 유도시키는 혼합 목피추출물을 함유하는 위장 질환 예방 또는 치료용 약학적 조성물, 10-0587990-0000

(주) 씨제이(2003) 초피나무 씨앗껍질 추출물을 유효성분으로 함유하는 피부 미백 및 노화 억제용 조성물, 10-0379984-0000

경북대학교 산학협력단 (2007) 초피 추출물의 제조방법 및 초피 추출물을 함유한 항 충치물질, 1007490860000

김근기, 최영환 (2001) 초피나무로부터 분리한 항균물질 및 그 분리방법, 10-0314545-0000

정진수, 정기홍 (2003) 초피나무 씨앗껍질 추출물을 유효성분으로 함유하는 피부 미백 및 노화 억제용 조성물, 10-0379984-0000

정태숙, 이우송, 박호용, 박용대 (2009) 초피 추출물 또는 이로부터 분리한 화합물을 포함하는 심장순환계 질환의 예방 및 치료용 조성물, 10-0883992-0000

한국생명공학연구원, (주) 씨티씨바이오 (2007) 초피속 식물추출물을 함유하는 항코로나바이러스 조성물, 10-0666299-0000

칡 

1. 명명

학 명 : *Pueraria lobata (wild.) Ohwi*

과 명 : 콩과 (Leguminosae)

속 명 : 칡속 (Pueraria)

영 명 : Kudzu vine

향 명 : 칡덩굴, 칙덤불, 곡불히

2. 특징

중국, 대만, 일본, 동남아시아 등에 분포한다. 우리나라 각지의 산 양지쪽이나 골짜기 같은데 흔히 자란다. 별도로 재배하지 않으므로 자생하고 있는 것을 채취하여 쓴다.

줄기는 길게 뻗으며 왼쪽으로 감기고 전체에 광택 있는 황갈색 털이 있다. 잎은 작은 잎은 털이 있고 가장자리가 밋밋하거나 얕게 3개로 갈라지며 끝이 뾰족하고, 잎자루는 털이 있다. 턱잎은 피침형이고 중앙 부근에 붙어 있으며 떨어진다. 꼬투리는 넓은 선형이고 편평하며 광택이 있는 털이 밀생한다. 지하에 갈두라는 7개의 萌芽点이 있어 여기에서 싹이 난다.

아주 옛날부터 널리 쓰여온 것으로 알려져 있는데, 줄기로는 밧줄이나 섬유를 만들었으며, 꽃과 뿌리는 약으로, 뿌리는 구황식물로, 또 잎은 가축의 사료나 퇴비로 널리 써왔다.

✽ 효능

- 고혈압, 황달에 효과
- 해열, 해독에 효능
- 당뇨병, 부종, 설사, 황달, 고혈압, 두통, 협심증 등 각종 질병에 효과
- 위장과 간장을 보호

3. 활성성분

✽ Daidzein

❉ Puerarin

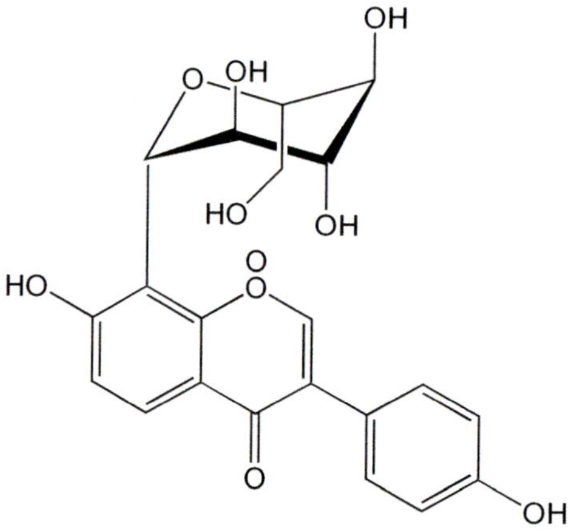

❉ Robinin

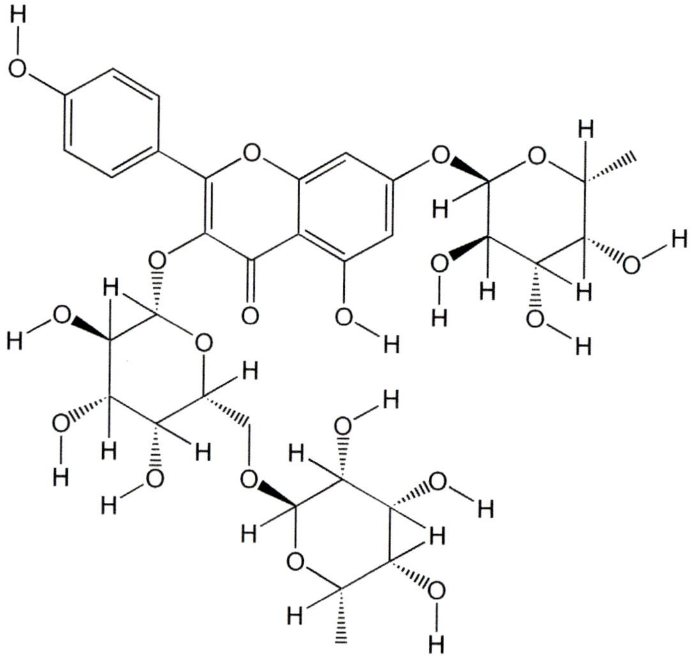

4. 관련논문

김명주, 이정수, 하오명, 장주연, 조수열 (2002) 칡 열수추출물이 흰쥐의 알코올 대사 효소계에 미치는 영향. 한국식품영양과학회지, 31(1):92-97

김명주, 조수열 (2000) 칡추출물이 알코올을 급여한 흰쥐의 뇌 조직에 미치는 영향. 한국식품영양과학회지, 29(4):669-675

김민준, 김창한, 이치호 (1999) 칡추출물이 흰쥐의 혈중 에탄올 농도와 간 기능에 미치는 효과. 한국축산식품학회지, 19(3):209-218

김소정, 박철, 김혜경, 신완철, 최석영 (2004) 한국산 칡의 Estrogen 활성에 관한 연구. 한국식품영양과학회지, 33(1):16-21

김정숙, 하혜경, 김혜진, 이제현, 송계용 (2002) 칡의 부위별 골다공증 치료효과. 한국식품과학회지, 34(4):710-718

김주남, 서정식, 박동철 (2002) 칡 혼합 발효배지로 생산된 신령버섯의 면역기능성 비교 분석에 관한 연구. 한국식품저장유통학회지, 9(1):114-119

석진석, 김덕한 (2003) 칡 유래 isoflavone의 미세캡슐에 관한 연구. 한국유가공기술과학회지, 21(2):105-113

오만진, 이원용, 이가순 (1988) 칡 뿌리의 Polyphenol Oxidase의 정제 및 성질에 관한 연구. 한국농화학회지, 31(4):331-338

윤상혁, 심우만 (1996) 칡 뿌리에서 분리한 β-amylase의 효소학적 특성. 한국식품영양학회지, 9(1):69-75

이치호, 김민준, 조진국 (1997) 칡에서 추출한 조 Catechin의 항산화 효과에 관한 연구. 한국축산식품학회지, 17(1):1-5

이치호, 조진국, 이은정, 손영희, 남혜영, 최일신 (2003) Treadmill 운동과 DNA 및 칡 Catechin 섭취가 흰쥐 생체내 지방조성과 항산화 활성에 미치는 영향. 한국축산식품학회지, 23(2):180-185

이현옥, 김창희, 임진아, 이미희, 백승화 (2004) 칡 추출물의 구강미생물에 대한 항균효과. 한국치위생과학회지, 4(1):45-48

임규, 박용기, 강병수 (2001) 칡의 부위별 항산화 작용에 관한 연구. 대한본초학회지, 16(2):110-111

조수열, 김명주, 박은미, 박지윤, 장주연 (2001) 에탄올성 간손상 흰쥐의 유해산소 생성효소계에 미치는 칡 추출물의 영향. 한국노화학회지, 11(1):8-13

조진국, 박재형, 이윤호, 이치호 (1999) 칡 추출물이 흰쥐의 체내 항산화계에 미치는 영향. 한국축산식품학회지, 99(3):65-71

한명주, 임혜영 (1999) 들기름에 대한 칡 추출물 분획의 항산화 효과. 한국조리과학회지, 15(2):114-120

한석현, 김종배, 민상기, 이치호 (1995) 사염화탄소를 투여한 흰쥐에 있어서의 간 기능에 미치는 칡 카테킨의 효과. 한국식품영양과학회지, 24(5):713-719

5. 관련특허

(주) 뉴메드 (2008) 신경세포 보호활성을 갖는 갈근 추출물 및 다이드제인을 포함하는 허혈성 뇌질환 예방 및 치료용 조성물, 10-0855741-0000

(주) 바름인 (2006) 식물성 여성 호르몬 물질인 이소플라본을 강화한 칡 유산균 발효물 및 그의 제조 방법, 10-0557006-0000

김윤근, 조현진, 김경배 (2008) 칡뿌리 가공방법 및 이를 이용한 칡차 티백, 10-0872886-0000

김종배, 양웅석, 황경순 (2007) 황태, 헛개나무, 겨우살이 추출물 및 칡의 카테친 성분을 함유하는 숙취 해소 및 간 보호용 조성물, 10-0696589-0000

박정복, 공운영, 성용분, 이영헌 (2000) 칡 청량 음료제조방법, 10-0251321-0000

이현용 (2002) 지구자나무, 오리나무, 칡 혼합물을 이용한 숙취 해소 기능성 식품 및 이의 제조 방법, 10-0345798-0000

장경호, 이명예 (2009) 이소플라본 강화 칡청국장 및 이를 유효성분으로 함유하는 골다공증 예방용 건강보조식품 조성물, 10-0891165-0000

재단법인 서울대학교산학협력단 (2006) 칡으로부터 비배당체 형태의 이소플라본을 제조하는 방법, 10-0613764-0000

화살나무

1. 명명

학 명 : *Euonymus alatus (Thunb.) Siebold*

과 명 : 노박덩굴과 (Celastraceae)

속 명 : 화살나무속 (Euonymus)

영 명 : Wind spindle tree

향 명 : 참빗나무, 홀잎나무, 홋잎나물

2. 특징

일본과 쿠릴열도, 중국, 만주, 우수리에도 분포한다. 전국의 표고 1,700m이하의 산기슭, 산속의 암석지에 자란다. 해가 잘 드는 곳이 좋으며 자생지는 암석지의 건조지이나 적응성이 넓어서 별로 가리지 않으며 보수력이 있는 부식질이 많은 비옥한 땅이면 더욱 좋다. 더운지방에서는 양지보다 반그늘에 심는 것이 단풍도 곱게 물들고 오래 간다.

높이는 3m에 달하고 잔가지에 2~4개의 날개가 있다. 잎은 마주달리고 짧은 잎자루가 있으며, 타원형 또는 달걀을 거꾸로 세운 모양으로 가장자리에 잔 톱니가 있고 털이 없다. 꽃은 5월에 피고 황록색이며 취산꽃차례로 달린다. 꽃이삭은 잎겨드랑이에서 나온다. 꽃받침조각, 꽃잎 및 수술은 4개씩이고 씨방은 1~2실이다. 열매는 10월에 결실하며 삭과이다. 적색으로 익고 종자는 황적색 종의로 싸이며 백색이다.

어린잎은 나물로 하고 가지의 날개를 귀전우 라고 한다. 한방에서는 지혈 · 구어혈(驅瘀血), 통경에 사용한다. 이른봄에 어린잎을 따서 나물로 먹기도 하며, 코르크의 날개를 봄 가을 햇볕에 말린 귀전우(鬼剪羽)를 치풍제, 지혈제 및 광증 치료에 사용하며, 낙태에도 쓴다.

✜ 효능
- 동맥경화, 혈전증, 기침, 거담, 산후어혈, 중풍치료제 등으로 사용

3. 활성성분

✜ Chrysanthemin

❋ Friedelanol

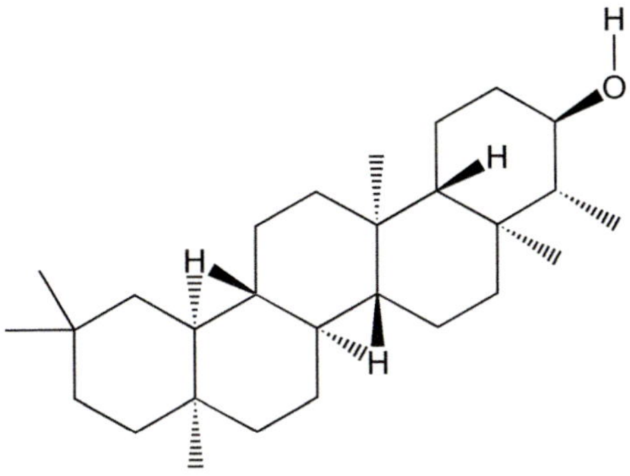

❋ Quercetin

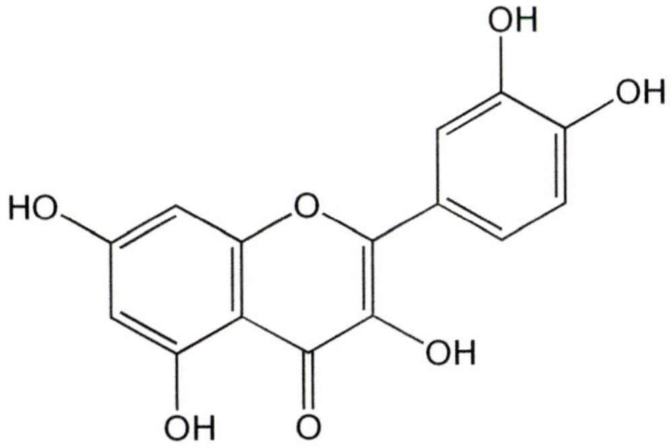

❋ Tannin

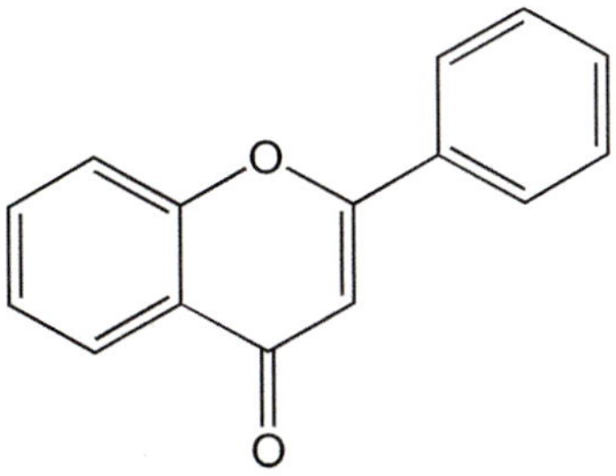

4. 관련논문

권구중, 최대성, 왕명현 (2007) 화살나무 잎 열수추출물의 생리활성. 한국식품과학
회지, 39(5):569-574

김종면, 양홍현, 최민순 (1994) 화살나무 추출액의 항종양 및 면역조절 작용. 한국수
의공중보건학회지, 18(1):79-85

노정미 (1998) 쇠뜨기와 화살나무의 항암 효능에 관한 연구. 동아시아식생활학회지,
8(2):116-125

민윤식 (2007) 기능성식품으로서의 화살나무에 관한 연구. 충주대학교 논문집,
42:669-676

박태욱, 김종면, 정영미, 조정곤, 최민순 (1994) 화살나무 및 느릅나무 추출물이 면역
계세포의 활성에 미치는 영향. 대한수의학회지, 34(2):307-313

서경수, 임종국, 박재호, 김충현, 정규영, 정형진 (2003) 화살나무 추출물의 항산화
활성 및 생물학적 특성. 한국생명과학회지, 13(1):1-8

오봉윤, 황수경, 정미영, 신홍식, 박복희, 이정호, 김수현 (2005) 화살나무 물 추출물
의 구성성분과 생리활성. 한국식품과학회지, 37(6):898-904

유영상, 노정미 (1998) 쇠뜨기 및 화살나무가 고지방 식이를 섭취한 흰쥐의 체내 지
질대사에 미치는 영향에 관한 연구. 동아시아식생활학회지, 8(2):93-106

은황석 (1992) 화살나무 추출물이 종양발생과 면역계에 미치는 영향. 원광한의학,
2(1):197-211

이정호, 김학군, 하대유 (1993) 화살나무의 항종양작용과 그 기전. 대한면역학회지,
15(4):243-253

이정호, 신숙정, 문용, 이동근 (1996) 화살나무 추출물에 의한 Doxorubicin - 유도
조직손상의 억제. 대한면역학회지, 18(2):253-263

이정호, 이현구, 송원재, 신숙정, 신영미 (1996) 화살나무 추출물이 전신성 아나필락
시스의 유발에 미치는 영향. 대한면역학회지, 18(1):105-113

임종국, 박재호, 김충현, 서경수, 권현조, 정규영, 정형진 (2001) 화살나무의 비효소
및 효소적 항산화활성 탐색. 한국자원식물학회지, 14(2):83-84

5. 관련특허

(주) 진주문화방송, 김석창, 서복덕, 장기철, 강영진 (2006) 헴옥시게나제-1 발현을 유도시키는 혼합 목피추출물을 함유하는 위장 질환 예방 또는 치료용 약학적 조성물, 10-0587990-0000

경희대학교 산학협력단 (2008) 생약복합제 추출물을 함유하는 당뇨병 예방 및 치료용 조성물, 10-0796457-0000

경희대학교 산학협력재단 (2007) 화살나무 추출물에서 분리된 3-오르토-메틸우르소산화합물을 함유하는 당뇨병 예방 및 치료용 조성물, 10-0748364-0000

박부규 (2005) 면역활성 및 항암 효과 증진용 조성물, 10-0493708-0000

이정호, (주) 동성제약 (2005) 화살나무 수용성 추출물 및 이의용도, 10-0526436-0000

찾아보기

천연활성물질 함유 국내산채료

초판 1쇄 인쇄 2017년 10월 16일
초판 1쇄 발행 2017년 10월 25일
엮은이   국립 농업과학원(박동식)
펴낸이   이범만
발행처   **21세기사**
등 록   제406-00015호
주 소   경기도 파주시 산남로 72-16 (10882)
전화 031)942-7861 팩스 031)942-7864
홈페이지 www.21cbook.co.kr
e-mail   21cbook@naver.com
ISBN 978-89-8468-666-3